ESP:能源行业语料库研究
ESP:Nengyuan Hangye Yuliaoku Yanjiu

沈奕利　编著

中国·成都

图书在版编目(CIP)数据

ESP:能源行业语料库研究/沈奕利编著. —成都:西南财经大学出版社,2018.9
ISBN 978 - 7 - 5504 - 3585 - 8

Ⅰ.①E… Ⅱ.①沈… Ⅲ.①能源工业—英语—语料库—研究 Ⅳ.①TK01

中国版本图书馆 CIP 数据核字(2018)第 156642 号

ESP:能源行业语料库研究

沈奕利　编著

责任编辑:王艳
责任校对:王青清
封面设计:张姗姗
责任印制:朱曼丽

出版发行	西南财经大学出版社(四川省成都市光华村街 55 号)
网　　址	http://www.bookcj.com
电子邮件	bookcj@foxmail.com
邮政编码	610074
电　　话	028 - 87353785　87352368
照　　排	四川胜翔数码印务设计有限公司
印　　刷	四川五洲彩印有限责任公司
成品尺寸	148mm×210mm
印　　张	4.625
字　　数	116 千字
版　　次	2018 年 9 月第 1 版
印　　次	2018 年 9 月第 1 次印刷
书　　号	ISBN 978 - 7 - 5504 - 3585 - 8
定　　价	58.00 元

1. 版权所有,翻印必究。
2. 如有印刷、装订等差错,可向本社营销部调换。

前言

ESP 是一种目标明确、针对性强、实用价值高的教学途径。ESP 的学习者大多是从事各种专业的专门人才和在岗或者正在接受培训的各类人员，如科学家、工程师、从事商业、金融业等行业的各级各类人员等。目前，在校大学生英语教育也正在由传统大学通用英语教育向专门用途英语教育转变。

随着我国学术英语水平的逐步提高，英语被看作一种手段和工具来学习。而如何满足专业用途需求，高效率地完成专业用途英语的学习，成为当前学术界研究的主要方向之一。

随着计算机技术的发展，语料库逐步成为探索语言规律的一个重要途径，通过建立不同目的的语料库，可以研究语言学的理论。同时，通过语料库的建立，特别是不同专业目的语料库的建立，也能够促进 ESP 教学的发展。

已有研究表明，ESP 语料库的建设和利用能够提升学生学习专业语言的效果。同时，语料库教学模式的变革也能够转变过去以被动学习为主的思路，从而形成学习者共同学习和主动学习的趋势。

此外，在教师的研究过程中，基于语料库的语言规律研究也成为当前的一个发展趋势。语料库是为一个或多个应用目标而专门收集的、有一定结构的、有代表性的、可被计算机程序检索的、具有一定规模的语料的集合。在建设过程中，我们主要采用随机抽样方法，收集自然出现的连续的语言运用文本或话语片段来建立语料库。因此，语料库实际上是通过对自然语言运用的随机抽样，以一定大小的语言样本来代表某一研究中所确定的语言运用总体，利用科学的统计方法来总结和归纳特定目的的研究主题的规律。

自从20世纪60年代第一个现代意义上的语料库——美国布朗语料库的诞生，大批国内外的专家学者开始致力于语料库的研究，涌现了众多有关语料库和知识库的专著和论文等。而随着计算机技术的发展，语料库建设规模也越来越大，结构也越来越复杂。美国计算语言学学会发起倡议的数据采集计划，用标准通用置标语言和文本编码规则统一地对语料库进行置标，为语料库的数据化操作奠定了基础。

由于语料库的广泛应用，如今国内外对语料库的研究也越来越多。语料库是在计算机统计基础上形成的，是语言学和计算机科学交叉形成的一门边缘学科。作为一种新的研究手段，语料库语言学还为语言研究的现代化提供了强有力的手段，但学科的理论体系还在不断完善中。目前，语料库语言学的理论还不十分完备，它还不能跟语言学中的其他成熟的学科（如计算语言学、社会语言学、心理语言学）相提并论。语言学界对其的普遍关注及研究成果的不断出现也在改善这个学科的处境。

本书利用随机抽样的方法，在能源领域专业文献中抽取一定数量的文献，对此展开研究。主要目的是从教学的角度出发，探索ESP未来发展的方向，研究在ESP教学领域建立不同专业语料库的可能性。

特别重要的是，本书的主要目的是从教学的角度探索ESP视角下语料库的建立及规律的发现。

本书主要有八章内容。第一章介绍ESP理论的研究进展，特别是对从语料库视角探索ESP教学与研究的成果进行了总结；第二章对本书采取的能源领域的语料库构建方法及初步分析得到的词频进行了分析；第三章对能源专业英文文献的语篇特征进行了分析；第四章基于新能源分类的角度对专业词汇进行了分析，主要涉及太阳能、生物质能、海洋能和地热能几个方面；第五章则从专业文献角度进行了词汇总结与分析；第六章从教育视角对专业文献进行了分析，包含句子分析、学术角度的分析及如何提升专业文献阅读能力的建议等；第七章对语料库常用软件工具进行了介绍；第八章是从专业英文文献中摘录的一些段落，可供学生练习。

总之，该书以能源领域专业文献为研究对象，构建了样本数据，进行了词汇分析，但整个过程还比较粗糙，未来还需要从能源领域内部的分类比较、时代演变等角度进行进一步的分析和研究。

本书适合英语专业本科生、研究生阅读，也可作为语言学及应用语言学方向研究生学习的参考书。当然，由于作者水平有限，难免存在不恰当和不严谨的论述，也不能保证书中每个思路都能带来有价值的发现，敬请广大读者批评指正。

本书得到西南石油大学人文社科专项基金（017）的资助，特此表示感谢。

目 录

第一章　理论研究进展／1

第一节　ESP 理论研究／1

一、ESP 的发展与 ESP 教学模式的内涵／1

二、传统教学模式的局限性／2

三、ESP 教学模式转变的必要性／4

四、互联网环境下的 ESP 教学模式变革／4

第二节　ESP 与语料研究／7

一、ESP 视角下语料库建设的必要性／7

二、语料库对 ESP 教师的学习与教学的作用／7

三、语料库在 ESP 研究中的发展／10

第三节　语料库的研究范围及构建／11

一、语料库的研究范围／11

二、语料库的构建过程／13

第二章　语料库词汇／15

第一节　语料库构建／15

第二节　语料库词频统计 / 18

第三章　语料库段落分析 / 30

第一节　总体特征 / 30

第二节　能源专业英文文献语篇特征分析 / 32

第四章　基于新能源分类领域的词汇分析 / 54

第一节　新能源发展概述 / 54

一、新能源的定义 / 54

二、新能源的使用情况 / 55

第二节　新能源的种类及专业词汇分析 / 58

一、太阳能资源领域的词汇分析 / 58

二、生物质能领域的词汇分析 / 61

三、海洋能领域的词汇分析 / 63

四、地热能领域的词汇分析 / 64

第三节　新能源专业文献的写作方法 / 66

第四节　小结 / 67

第五章　专业文献词汇特征分析 / 68

第一节　专业文献的词汇样本及使用分析 / 68

一、总体特征 / 68

二、难点词汇分析 / 70

三、专业文献的词汇使用分析 / 74

第二节　专业文献的词汇特点总结 / 79

一、专业术语多且词义专一 / 79

二、次专业词的大量使用 / 80

　　三、常用不同的缩略词和合成词 / 81

　　四、用词多为不带感情色彩的中性词 / 81

第三节 专业文献学习要点 / 81

第四节 小结 / 83

第六章 教育视角下的专业文献分析 / 84

第一节 研究方法 / 85

　　一、研究对象 / 85

　　二、材料搜集方法 / 85

第二节 句子特点分析 / 85

　　一、名词化结构 / 86

　　二、被动化语态 / 87

第三节 个案研究 / 88

　　一、学生角度的专业词汇 / 88

　　二、学生角度的段落分析 / 89

第四节 提高专业文献阅读能力的策略 / 90

　　一、存在的困难 / 91

　　二、基本策略 / 92

第五节 小结 / 94

第七章 语料库基本工具介绍 / 95

第一节 WordSmith Tools 6.0 简介 / 95

　　一、关于 WordSmith / 95

二、主要功能 / 95

　第二节　PowerGREP 5 简介 / 107

　　一、软件简介 / 107

　　二、操作简介 / 108

　第三节　PatCount 1.0 简介 / 115

　　一、PatCount 1.0 版本的简介 / 115

　　二、PatCount 1.0 版本的基本使用步骤 / 115

　　三、PatCount 软件的设定 / 116

　第四节　TreeTagger 简介 / 117

　　一、TreeTagger 操作简介 / 117

　　二、样例操作步骤 / 122

第八章　文献段落示例 / 125

参考文献 / 134

第一章 理论研究进展

第一节 ESP 理论研究

一、ESP 的发展与 ESP 教学模式的内涵

"专门用途英语"（English for Special Purposes，ESP）的概念由 Halliday 在 20 世纪 60 年代提出来，他系统阐述了如何根据学习者的需求制定教学内容和方法的原则[1]。专门用途英语就是指为了满足某种特定职业需求而进行的英语教学。基于学习者的特定学习目的和特定需要，形成的 ESP 教学领域是一个专属的英语教学领域。在 ESP 发展过程中，学术英语和教育英语是率先发展的两个领域，随后结合不同行业的需要又分化出商务英语、医学英语等其他专门用途英语。

在我国 ESP 理论和实践发展过程中，最早的《大学英语教学大纲》把大学英语教学分成基础阶段和专业阅读阶段，其中专业阅读阶段开设了 ESP 课程，并以 ST（English for Science and Technology，科技英语）为主。经历了 20 世纪 80 年代末到 90 年代初短暂的科技英语热之后，ESP 教学的发展几乎停滞[2]。由于行业需求差异大，难以有统一的教学大纲，一直到现在 ESP 教学仍处于探索阶段。

在 ESP 理论研究方面，我国最早开始研究的学者是杨慧中、伍谦光、童登莹、张义斌等[3]。在 ESP 教学模式研究方面，郝可欣（2014）探讨了 ESP 教学模式在大学英语教学中的应用问题[4]。吴婷等（2014）分析了 ESP 教学中常见的三种课程设计模式的优缺点，即以语言为中心的课程设计模式、以技能为中心的课程设计模式和以学习为中心的课程设计模式的特点，由于设计思想不同，导致三种模式在实现教学目标、课程内容方面也具有差异性[5]。钱敏娟（2014）探索了慕课课程模式对 ESP 教学的冲击问题[6]。

二、传统教学模式的局限性

教学模式通常是指根据一定理论基础设计的教师教授方式、学生学习方式，以及结合课堂组织方式、课堂教学内容等方面的特点构成的一种教与学综合机制。如从教师授课角度出发形成的单一教师授课模式；考虑学生为主的自主教学模式；考虑师生互动的课堂讲解、活动实验室和学生自主学习为一体的三位一体教学模式等。因分析角度的不同，教学模式的实践和理论总结也呈现多态化的特点。

随着我国经济的发展，国内能源结构发生了巨大变革。1993 年中国步入石油净进口国行列，因此如何与国外企业合作，构建走出去的战略也成为中石油公司的发展战略之一。东南亚、非洲、大洋洲、南美洲，都有与中石油公司合作的企业。进入 21 世纪，除中石油外，中国海洋石油总公司和中国石油化工集团也都加入了海外石油开发的行列。从近十年中国海外石油投资的发展历程可以看出，中国的海外石油开发业务正在逐步由小到大、由点到面，显示出良好的发展前景。然而，在走出去的过程中，人才匮乏成为制约发展的严重瓶颈。目前，中国能源领域的人才队伍整体素质不高，大多数人知识面相对窄小，技能比较单一，懂技术的不懂英语，会英语的又不懂技术。由于中国员工外语水平不够，有的项目在执行途中被迫强行停止，甚至有的项目干脆要求换人。如中石油在沙特的钻井项目，因司钻不能用英语正常交流，不得不从菲律宾等处高薪聘请英语好的技术人员。目前，中国缺少一批懂专业技术又有经济头脑和管理经验的、与跨国经营相匹配的高素质的人才，这已成为中国企业拓展海外项目的重要障碍。

此外，在走出去的过程中，我国企业与国外企业的合作形式也在不断丰富，出现了合作开采、产量分成、参股或收购、海外并购等多种合作形式。这对能源领域人才培养提出了新的要求。

新的能源领域发展形势对人才培养提出了新的要求，但传统的教学模式难以实现当前的新要求。这主要是传统教学模式具有一定的局限性。

首先，从传统ESP教学的教学者对ESP教学影响方面来看，ESP教学的教学者应该由专业教师承担，还是由外语教师承担一直是一个具有争议的问题。由于专业教师专业教学任务量重、科研压力大，且高校对专业教师的考核指标通常以专业内容为主，较少有高校对专业教师设置了规范化的专门用途英语教学的考核，因此难以避免以专业教师为主的ESP教学不够重视英语，偏重专业文献的解读。而由外语教师承担ESP教学又存在专业知识不足的问题，导致很多外语教师在教授专业知识时出现畏难心理，同时外语教师获取相关专业知识的教学资源也非常困难。

其次，从ESP教学的学习者方面来看，针对不同用途的学习者，ESP教学没有规模化、规范化的教材和教纲。这一方面是由于现实教学体系对ESP教学重视不够，另一方面是由于教材编写主体没有从事该方面工作的动力。

最后，从 ESP 教学要适应当前新要求的情况来看，ESP 教学的本质应该是满足学习的实际应用目的。没有真实的应用情景一直是 ESP 教学效果不佳的重要原因之一，因此也难以实施基于情景的教学方法。在传统的 ESP 教学模式中，无论是由专业教师教学，还是由外语教师教学，都不可避免地会更多地利用文字材料。

三、ESP 教学模式转变的必要性

首先，考虑到目前我国能源领域海外发展的形式，能源领域中的技术型人才，特别是参与海外业务的技术型人才应该具备较高水准的专业英语交流和沟通的能力。这种能力是我国能源领域和海外企业顺利合作的基础保障。

其次，参与海外合作的能源领域中的商务型人才需要具备谈判、沟通等综合商务英语运用能力，这是我国能源领域与海外企业能够建立多种合作形式的基础人力资源保障，也是推动我国能源领域能够完成高质量合作的关键。

最后，参与海外合作的能源领域中的综合型人才还需要具备在不同环境下，对多部门企业、多专业人士进行协调的能力，这需要综合型人才足够了解当地英语的特点，才能够保障理解准确、协调顺利。

由此可见，能源领域新的发展形式要求能源领域高校 ESP 教学模式进行变革，由此来保证我国能源领域人才在英语技能方面的需求。

四、互联网环境下的 ESP 教学模式变革

IT 行业在近十年来的发展非常迅猛，教育行业受到的影响也是非常大的。从最早的利用计算机设计课程内容，到利用多媒体系统进行课堂教学，发展到现在利用互联网提供的基础设

施分享教学资源、共享教学经验、实时解答学生问题等多种形式的应用。特别是国外近几年发展起来的大规模、开放式在线课程，不仅简单地展示网络公开课的内容，同时为学习者提供了互动的工具，由此能够形成基于一门课程的网络社区，创造出真正的空中课堂。由国外著名高校推动的这场运动也吸引了国内众多高校的参与，形成了一股强烈的慕课风暴，由此也对所有学科的教学模式带来了新的影响。

互联网的发展在一定程度上为解决 ESP 的问题提供了方法，也为基于互联网视角的 ESP 教学模式变革提供了机遇。由此，本文从能源领域高校学生的需求、教学资源的整合、教学方法变革及教学过程变革四个角度阐述能源领域背景下的 ESP 教学模式变革内容。

在学生需求方面，由于能源领域高校大部分专业均是围绕能源领域设立的，学生的需求并没有出现过度分散的情况。考虑到大量学生毕业后将从事石油相关的各个领域，因此突出专业情景下的英语学习成为能源领域高校较为集中的 ESP 教学目标。这种集中的学习需求为 ESP 教学实施提供了便利性。这不但有利于外语学院集中主要力量组织教学，同时方便教师之间互助合作，解决单个教师难以完成的任务。

在教学资源整合方面，以学科内容为依托的语言教学，是指将语言教学建基于某个学科或某种主题内容教学之上。以往由于各种限制难以提高有效的教学资源，而互联网则提供了丰富的资源作为教学资源的基本素材。例如，在能源领域中，通常会在野外勘察时用英语交流、在石油设备使用过程中用英语交流、在采油现场使用英语沟通和交流。这样情景下的专业词汇和使用方法如果没有结合具体的实物和情景，很难给学习者做出合理的解释，并让学习者真正理解和合理的应用。而互联网提供了各行各业专业背景下的情景动画和视频资源，这些资源具有碎片化和具体化的特点,作为 ESP 教学的实施者只需要选择合适的情景片段,并根据该片段,扩展教学内容即可,由此降低了教学资源组织的难度。此外,外语学院集中全体教师力量,为每位 ESP 教学者分配任务模块,最后整合为 ESP 教学资源,从而弱化了没有教材的负面影响。

在教学方法变革方面,构建结合互联网的情景教学方法是改善 ESP 教学效果的利器之一。情景教学法是在课堂上通过语境来学习语言知识或在语境中应用已学语言知识最终达到培养语言交际能力目的的一种教学方法。学习者根据自己在情景中的身份,在课堂上反复演练,由此可以提高学习效果。同时,要求学习者在课堂上利用互联网资源寻找与教师设定背景相同或类似的情景视频,并发现交流同一内容的不同表达形式,这不但能够促进学习者的积极性,通过教学者的及时解答也能够提高学习者的学习效率。

在教学过程改革方面,互联网在提高丰富资源的基础上,也为教学过程的实施提供了有效载体。构建以 ESP 教师为主,专业教师为辅的教学过程实施体系是 ESP 教学模式变革的另一重要内容。课前,ESP 教师可以通过公告板、邮箱、即时通信软件等各种形式的工具把课堂内容发布出去,同时专业教师给出情景中所需的专业知识素材。学生结合 ESP 教师提出的任务,掌握相关词汇、语法等内容。课中,学生可以通过模拟情景人物,锻炼专业交流能力;通过师生互动,扩展不同表达方式。课后,基础较弱的学生,可以通过网络互动练习,再加强巩固。

由此可以看出,基于互联网的能源领域高校 ESP 教学模式变革由于突破了以往难以获取专业情景教学素材、难以设计高质量教学资源等方面的局限性,使学生能够在学校就接触到未来的英语工作场景,既能够有针对性地培养学生专业方面的英语技能，又能够激发学生的学习兴趣，由此实现专业英语交流和沟通的能力，商务谈判与沟通能力等方面的提升。

第二节 ESP 与语料研究

一、ESP 视角下语料库建设的必要性

ESP 这一学科比起普通的 EGP（English for General Purposes）英语教学来说拥有极强的专业性，更需要有一定的真实的语料库。在 ESP 教学中引入语料库技术最为直接的好处就是能够在短时间内收集和接触到大量的真实语料，尤其是那些正在使用的、适合做教材内容的语料。通过语料库电子技术的统计、筛选和加工能够建立科学的词汇库[7]。

对于学生来讲，由于有了专业的语料库，能够更高效地学习专业内容，起到事半功倍的效果。而互联网技术的发展为语料库建设提供了便利工具。历史上首个基于计算机语料库思想和方法提取的学术词汇表由 Coxhead（2000）发表于 *TESOL Quarterly* 杂志，并由此开创了计算机辅助词表开发的先河。Coxhead 创建了容量为 350 万词，覆盖人文、商业、法律及科学 4 大类 28 个学科的学术英语语料库。他借助 Range 语料库分析软件，在 West（1953）创建的一般用途词汇表（General Service List，简称 GSL）的基础上，提取出 570 个 AWL 常见学术英语词族，并实现了平均 10.0% 的语料覆盖率[8]。

二、语料库对 ESP 教师的学习与教学的作用

参加培训、自学与专业教师合作，是向 ESP 教师转型的三大主要途径。其中，在 ESP 教师自学过程中，语料库无疑为其

提供了一条有效道路。考虑到语料库建立是通过特定的统计方法了解某一时代、地区、学科或某一行业内所使用语言的特点。这些特定的词汇可能不是专业术语，但却是某些领域里使用频率最高的词和表达方式。因此，从教师的角度考虑，对某一专业高频词汇的掌握是教师快速了解这一行业的捷径之一，教师进而可以制定教学大纲、教学计划。通过对高频词汇以及其常用搭配的学习，同时可以对某一新学科有基本的认识。

教师可在大型语料库中选择跟自己专业相关的子库，借助专业软件通过词频统计得到1 000个左右使用频率最高的词及这些词的常见搭配，这些筛选出来的词表便是学生进行专业文献阅读的基础，也是ESP教学的主要部分。同时，对于没有现成的权威语料库可借鉴的专业，也可以通过自建语料库，收集该领域发表的权威英文学术论文进行词频统计，再依次完成上述步骤[9]。

具体到教学中，ESP教师可以通过分类语料库找出相关专业的篇章库，循序渐进地选择不同难度的、有代表性的篇章供学习者阅读，并将统计出的专业词语的重复信息、搭配信息、出现频率信息等通过编习题、编教材、编词汇表等方式传递给学习者，以减少实际使用与课堂教学的差距。

词汇是语言学习的关键。秦秀白将ESP教学原则归为三点，分别是真实性、需求分析和以学生为中心。其中"真实性"（authority）是ESP教学的灵魂。语料库可以为ESP教学提供最真实的行业词汇、搭配习惯，展示语篇特点。学生可以通过学习真实情境中提取的语料，切身感受到所学专业的语言习惯甚至交际习惯[10]。有研究表明：把基于学习者语料库的中介语应用到外语教学中，能够了解学习者语言运用特征及典型困难，进而开展有效的课堂干预；同时基于学习者语料库的数据驱动学习，使学习者通过分析正面和负面语言证据，从而提高语言意识，并通过练习加强语言学习[11]。

长期以来，我国传统的词汇教学采用的是定义学习法，该方法只要求记忆单词的某一种含义，没有把单词放在一定的社会文化背景中去理解，使得学生学习单词的效率很低并且对单词的理解很肤浅。传统的词汇教学只是强调扩大词汇量，加强词汇记忆，并没有涉及单词的应用能力。而利用海量的语料库数据，不但可以观察和概括归纳语言现象，自主发现语言的用法规则，考察词汇的密度、多样性和复杂度，而且能够对词汇的难易度、词义的搭配特点有一定认知[12]。

在用语料库和多媒体相结合所搭建的平台上，学生可自由选择学习材料，根据语料库软件工具进行相应的检索。教师根据教学目标和教学内容从语料库中选择合适的内容制作出图文并茂的教学课件，针对学生的特点和语言能力确立个性化的教学设计。教师可以使用语料库解决教材中所出现的问题，同时通过使用语料库进行课堂活动，引导学生独立寻找问题答案并参与课堂交流[13]。

已有的研究表明，这种教学方式能够显著提高学习者ESP的词汇搭配和辨析能力，并帮助他们尽快掌握专业核心词汇[14]。Thurstun和Candlin也认为，语料库语言学对ESP教学的影响主要表现在专业词汇的研究和教学上。英语教师有语言方面的优势，但缺少专业知识，他们面临的最大困难是不熟悉专业词汇。语料库不仅可为教学提供真实的数据，而且也将一种全新的方法带进课堂，这有利于将传统的以教师为中心的知识传授型教学转变为以学生为中心的知识探索型教学[15]。

ESP教学是大学英语教学改革的大势所趋。大学英语教师要成功转型为既有语言优势又有一定专业知识的ESP教师，才能在大学激烈的竞争中继续生存和发展[16]。在传统的侧重语言学和文学的模式下培养出来的大学英语教师虽然已经具备了语言技能和语言教学经验上的优势，但缺乏专业知识。要弥补这一短板,需要突破的是专业词汇这个瓶颈。借助 ESP 语料库,运用统计学原理和计算机技术,大学英语教师可以挖掘专业文本的词汇特征,把握专业文本的语言结构和模式,增进对专业知识的了解,顺利实现向 ESP 教师转型[17]。

三、语料库在 ESP 研究中的发展

基于语料库的 ESP 教学研究主要包含三个方面,一是学术英语口语语料库的创建与应用。如 Simpson 等人(2000)不但建立了学术英语口语语料库,而且利用语料库设计了学术英语词汇和阅读写作教材[18]。二是语料库语言学成果的应用。如 Oliveira 在语料库语言学方法的指导下,对 ESP 教学和文学研究进行了探讨。三是语料库驱动方法的应用。如 Milizia 将语料库驱动的方法运用于 ESP 教学实践[19]。

总之,ESP 语料库的研究成果随着时间的推移越来越丰富。在我国知网搜索关键词"ESP"和"语料库",发现关注 ESP 及语料研究的文献逐年增长,如图 1-1 所示,近几年一直维持在 20 篇左右,而 2010 年及以前,每年发表的相关论文只有几篇。

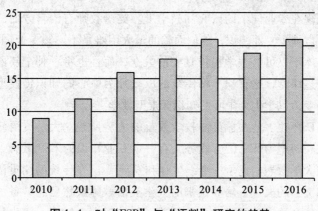

图 1-1 对"ESP"与"语料"研究的趋势

由此也可以看出,语料研究已经成为 ESP 研究中的一个重要内容。这些研究已经涉及不同行业、不同用途的 ESP。比如,施称和章国英(2015)通过自建医学英语语料库来辅助教学改革,探讨了该语料库在医学术语、医学英语、写作及听说课程中的相应运用[20]。

如果从培养研究者理性思维的角度分析,基于语料库的教学研究应该能够给外语教师们带来一种新的研究方法。由于语料库具有高速、准确、清晰和相关度高的信息检索优势,并且能提供被检索项出现的具体环境。这些优点与人脑在设计检索目标,观察检索结果和进行深加工研究时所特有的逻辑性、目的性和推理性结合在一起,很自然就形成了研究者的批判性思维过程。所以说,运用语料库进行教学和教育研究有利于培养研究者的观察能力和思考能力。因此语料库不仅仅是教师们获得教学资源的宝库,更应该是教师们总结教学规律的工具。教师们可以基于语料库进行专业英语教材研究,分析专业英语相关词汇、话题、语法等内容的规律[21]。

此外,通过自建的特定语料库或者分类语料库分析某个特定领域的专业人员在实际情景中使用的语言,并得出这一专业经常使用的语言的特点,这样能够保证研究素材的真实性[9]。而大量专业文献数据库的便利性又有助于研究者分析不同领域、不同年代的专业语言的特征,研究者通过比较其中的差异性,可以丰富语言研究领域的视角和认知。

第三节 语料库的研究范围及构建

一、语料库的研究范围

语料库研究的历史大致可分为三个阶段。第一阶段是 18 世纪开始至20世纪50年代，这是一段平稳发展的时期，此时对语料库的研究还处在原始手工分析阶段。第二阶段是20世纪50年代至90年代，20世纪50年代后，对语料库的研究短暂中断，60年代是一个转折期，70、80年代，相关研究继续发展，出现了第二代电子语料库。第三阶段是20世纪90年代至今，90年代以后对语料库的研究开始快速发展，逐渐渗透到语言研究各领域[22]。

20世纪90年代以来，语料库逐渐由单语种向多语种发展，各种语料库深加工技术层出不穷，语料库在语言研究各领域得到更加广泛的应用。其突出的特点有：语料库建设的规模大、语种多；语料库应用范围不断扩大；网络语料库获得进一步发展。专用语料库也将得到进一步发展。特别是Tim Johns在20世纪90年代初提出"数据驱动学习"（data-driven learning，简称DDL）的观点后，一种新的基于语料库数据学习外语的方法开始挑战传统的以教师和教科书为中心的教学模式和思路[23]。

语料库的研究范围非常广泛，如构建语料库分析社会语言学的语言变化趋势的研究[24]；比较英、汉两种语言在中动结构的类指与定指上的共性，考察与之对应的语义变化、语用差异，以及在隐含施事方面的深层机理[25]；通过语料库构建探索我国的英语新闻中词汇与主题表达之间的相互关系及词汇的使用和语言学特征[26]；通过对比参照语料库研究文学文本语言的显著特征，验证在语料库语言学迅速发展前学界所归纳出的言与思想表达方式的完整性，验证基于直觉判断和理性分析的文学评论的合理性；探索超越验证文学评论的阶段，做到定量分析和定性分析相结合的研究[27]。

在教学研究范围中，如探索口译教学的特点，构建面向教学的口译语料库[28]；探索口译文本的语篇特征、口译实践策略、口译相关理论和概念的验证与发展，构建多类型、不同性质语料库,促进口译研究与教学的协调发展[29];探索单语语料库与翻译研究相结合,改变传统翻译教学模式的研究[30]。

总体而言,我国学者对语料库语言学的研究主要集中于教学、翻译、词汇、语义、词典和语法六方面(约占总数的80%),而细观这几方面的研究更多的是停留在对单词、词组研究的阶段。国外对语料库语言学的研究则已经逐步成熟,成功从对语言词汇的研究上升至对语法、语篇的研究[31]。

二、语料库的构建过程

1. 语料搜集

语料搜集要考虑语料库的建设目的。如在构建对比语料库时需要考虑搜集语料时采取的原则,如来源相同、发布时间相近、主题内容相似等原则[32]。对于构建特定内容的语料库还要考虑语料的搜集范围,如构建高校英文专业语料库就需要考虑是否搜集国外高校,还是只搜集国内高校的英文网站,还应考虑搜集网站简介、学校宣传册、教学资料等内容是否合适和是否足够实现建设目的[33]。

2. 语料库信息定义

详细的语料库信息字段应该包括两种:语料外信息字段和语料内信息字段。语料外信息指的是语料内容本身之外的一些信息,不牵涉语料本身,只是一些外部因素的描述。如描述语料载体性质(报纸、杂志、图书、电影、电视、广播)的媒体;描述语料具体来源的媒体名称(网站名、杂志名等);语料发布的时间;语料作者等。语料内信息主要指的是语料内容本身的信息,包括描述语料性质的语体(口语或书面语)、描述语料文体性质的体裁、语料类别(主题类别)、标题、关键字、正文、字数等[34]。

3. 语料库元信息标注

对语料库中的各类文本进行合理的元信息标注，以便按照用户设定的条件，从语料库中抽取不同类型的双语对齐文本。拟将元信息与文本分别独立保存，即元信息脱离文本本身，便于对文本内语言信息快速检索。

4. 语料库的语言学标注

语料库标注是为语料库文本添加解释性信息和语言学信息的活动。标注的具体实施即是对文本某些元素或特征添加预定的标签，通常分为计算机自动标注、计算机辅助人工标注和人工标注三类。在设计过程中，标注方案通常指一系列预定码的标注规则。比如结构标记（即文本外部信息和内部结构信息）、词性赋码、语法标注（包括句法分析、语义标注）、话语标注等[35]。

5. 语料库的分类原则

语料库的文本分类的研究比较丰富，涉及的领域主要有机器学习、信息检索、模式识别等多个方向。文本分类的研究囊括了词频统计分析、句法分析和语义分析等[32]。

6. 选择功能匹配的软件工具

元信息检索系统，用于根据用户的设定从语料库中抽取文本；标注文本还原系统，用于析出便于用户阅读的检索词及语境；基于网络的平行语料库检索系统，用于准确、高效地对语料库进行检索[36]。

第二章 语料库词汇

第一节 语料库构建

本书选择 EBSCO - Academic Search Complete，Science Direct，Springer，SAGE 作为主要专业文献数据来源。通过随机抽取的方法选择了能源领域的 100 篇文献作为研究的样本。在选择过程中，为保证对能源领域的全覆盖，由某高校能源相关领域的学生分别给出本专业的研究主题，以此为关键词进行搜索。

此外，为研究教学视角中的主题，在语料库构建过程中，分别由 100 名本科学生在这 100 篇论文中选择一段进行阅读和分析，并根据要求给出自己的理解和判断，由此形成该语料库的附加部分，即学生学习专业文献的学习材料语料库。

本书的所有分析均是基于该语料库展开的。表 2-1 是本书中所选文献期刊的来源。

表 2-1　　　　　文献期刊来源

AAPG Bulletin	Geochimica et Cosmochimica Acta
Acc. Chem. Res.	Geothermics
Acta Astronautica	Industrial and Engineering Chemistry

表2-1(续)

Advances in Colloid and Interface Science	Int. J. Miner. Process.
American Association for the Advancement of Science	internationla journal of hydrogenenergy
American Journal of Physics	J. MATERIALSFORENERGYSYSTEMS
Angew. Chem. Int. Ed	J. Mech. Phys. Solids
Ann. Rev. Phys. Cher.	Journal of Cleaner Production
Annals of Nuclear Energy	Journal of Colloid and Interface Science
Applied and Environmental Microbiology	Journal of Energy Storage
Applied Biochemistry and Biotechnology	Journal of Petroleum Science and Engineering
Applied Energy	Journal of Power Sources
Biochar Bio-energy	Journal of the European Ceramic Society
Biomass and Bioenergy	Journal of Wind Engineering and Industrial Aerodynamics
Bioresource Technology	Marine Environmental Research
Catalysis Today	Org. Geochem
Chemical Engineering and Processing	Org. Geochem
Chemical Engineering Science	Petroleum Exploration and Development
CONTEMP. PHYS.	Petroleum Science and Technology
Energy and Power	Photochemical Conversion of Solar Energy
Energy	Phys Rev D Part Fields
Energy & Fuels	Physical Review Letters
Energy and Buildings	Prec. Indian Acad. Sci

表2-1(续)

Energy Conversion and Management	Renewable and Sustainable Energy Reviews
Energy Policy	Renewable Energy
Energy Procedia	Science
EnergyPolicy	Social Institutions and Nuclear Energy
Environ. Sci. Technol.	Solar Energy
Environmental Sustainability	Solar Energy Materials & Solar Cells
Expert Systems with Applications	Solar Physics
Fuel	Thermochimica Acta
Fuel ProcessingTechnology	Transactions of the ASME
Genetica	Waste Management

在文献年代分布方面，本书主要选择1990年后的文献，特别是近十年来的文献，同时也选择少量1990年前的文献。本书所选文献的总体分布如图2-1所示。

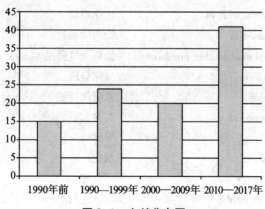

图2-1　文献分布图

第二节　语料库词频统计

由于搜集的专业文献篇数相对较少，难以真正反映能源领域研究进展中的语言特点，而专业文献摘要是浓缩了整个研究内容的精华，其专业词汇更具代表性，因此在对语料库的语频进行统计时，以文献摘要为基础。

英文	中文	频次
oil-in-water	水包油，混油泥浆	11
Arrhenius plot	阿利纽斯作图法	2
average rate constant	平均速率常数	3
bituminous coal	烟煤	1
carbon	碳	11
CO conversions	CO 转化率	3
gasification conversion	气体转换	1
gasification rate	气化速率	8
gasification temperature	汽化温度	3
kinetic parameters	动力学参数	1
NWP（numerical weather prediction）	数值天气预报	5
partial pressure	气体分压	11
water-gas shift	水煤气变换	12
2，4-dinitrophenol	2，4-二硝基苯酚	1
allozyme	异型酶	25
acidification	酸化	2
activation energy	活化能	13
actual growth yield	实际生长产量	1
adsorption	吸附作用	21
aerobic cultures	有氧培养物	2
algorithm	运算法则	4

aliphatic	脂族的	2
alkane	烷类	4
alkylated	烷基化	15
alkylbenzene	烷基苯	2
alternative fuel	代用燃料	1
anthropogenic emissions	人为排放	1
apparent rate constant	表观速率常数	3
arable land	耕地	9
aromatic	芳香族的	9
ash content	含灰量	5
Asia-Pacific Economic Cooperation	亚太经济合作组织	5
asphaltenes	沥青质	2
asymmetries	不对称性,非对称	7
atmospheric pressure	大气压	2
autosampler	自动进样器	1
battery capacity	蓄电池容量	3
benzene	苯	10
benzene disulfonic acid	苯磺酸	5
bioaugmentation	生物强化技术	32
biodegradation	生物降解	13
biodiesel	生物柴油	45
bioenergy chain	能源链	4
bioethanol	生物乙醇	16
biogas	沼气	19
biomarker	分子标志物;生物标记物	11
biomass	生物量	167
bitumen	沥青	12
bitumen-based	沥青基	2
bulk density	容积密度	9
capillary	毛细管	4

carbonate	碳酸盐	4
catalytic	接触反应的；起催化作用的；催化剂	14
catalytic combustion	催化燃烧	2
chemostat culture	恒化器培养	2
chip piles	芯片桩	4
chlorella	小球藻	1
CHP plant	集中供热厂	8
chromatographic	色谱分析法；色层分析	10
chrysene	䓛（丙酮中）	5
clinker substitution	熟料替代	1
clones	无性繁殖系；克隆	11
closed-system programmed-temperature pyrolysis	封闭系统程序升温热解	4
CO_2	二氧化碳	26
coal	煤炭	83
coal-chars	煤焦炭	6
coalfired power	火力发电	1
coal-fired power plants	燃煤电厂	2
co-combustion	混合燃烧	7
cogenerate	利用工业废热发电	19
cogeneration system	热电联产系统	1
column	柱	11
continuous culture	连续培养	5
converter	变压器	19
coupling architectures	耦合结构	6
crankcase	曲轴箱	35
crude	原油；天然物质	47
crude oil	原油	90
DC	直流电	18

DE	判定元件	2
decomposition	分解；腐烂	7
demand profiles	需求曲线	9
dependent variables	因变量	3
deuterium	氘	1
diagram	线图	3
dibenzothiophene	二苯并噻吩	7
diesel	柴油	14
diluted	稀释的	2
dimethylnaphthalenes	二甲基萘	1
dispersions	色散特性光的色散；离散	6
distillate	馏分油	2
dry weight	干重	5
dummy variables	虚拟变量	8
dynamic	动态；动力学	10
ecological	生态的	2
ectoxicology	生态病毒学	1
eigenfunction	特征函数	3
electric effiency	电机效率	1
electric heat pump	电热泵	1
electric motor	电动机	17
electrical	电气学的	6
electricity	电力	3
electrochemical cells	电化学电池	1
electrolyser	电解槽	7
electronics	电子	1
emulsion	乳剂	12
energy carrier	能量载体；载能体	9
Energy Commission	能源委员会	9
energy consumption	能源消费	8

energy efficiency	能源效率	3
energy guzzlers	能源消费者	1
energy management	能源管理	41
energy reserve polymers	能量储备聚合物	5
energy transition	能源转型	1
energy-sufficient growth	能源充足增长	6
enzymatic hydrolysis	酶水解	2
Eocene	始新世	52
EROC	碳排放能量收益	44
Escherichia	大肠杆菌	5
ester	酯	9
ETBE	叔丁基醚	6
ethanol	乙醇	34
ethoxylated	乙氧基化	29
ethylbenzene	乙苯	1
ethylene	乙烯	1
eucalyptus	桉树	1
exergy	放射本能	2
extrapolation	外推法	13
fertilization	施肥、受精	22
filter	滤波器	4
flat tariff	单一关税	12
fluorene	芴（甲醇中）	3
fossil energy	化石能源	2
fossil fuels	化石/矿物燃料	38
fossil-based energy system	化石能源系统	1
freeze Stress	应力冻结	1
fuel specifications	燃料规格	3
fuel-cell	燃料电池	49
fused	熔凝的	2

英文	中文	频次
gas	气	54
gas hydrate	天然气水合物	197
gasification	气化	48
gasoline	汽油	13
glycogen	糖原；动物淀粉	1
GPC (gel permeation chromatography)	凝胶渗透色谱法	9
gradients	变化率	3
gravimetric	重量分析的	1
grid	（输电线路，天然气管道等的）系统网络	8
growth yield	增长收益	11
Hamiltonian	哈密顿量	11
heat pumps	热泵	24
heating oil	民用燃料油	2
heavy clay soils	重黏土	1
helium	氦	2
heterozygosity	杂合性	42
hierarchical energy management	层次能源管理	2
high grade fuel	高级燃料	1
high-energy	高能	3
high-power	大功率	5
HIRLAM (high-resolution limited area model)	高分辨率有限区域模式	19
homologues	同源的，同系的	5
humus rich soils	富含腐殖质的土壤	2
hybrid energy storage systems	混合储能系统	6
hydro	水	34
hydrocarbons	烃类；碳氢化合物	15
hydrofracking	水力压裂法	2
hydrogen	氢	12

hydrogen production	氢的生产	1
hydrolysis	水解	6
hydropower	水电	2
ignition stability	点火装置稳定性	2
indeterminate constant	不定常数	3
inflation	通货膨胀	1
intarmolecular vibration	分子内振动	6
integration	集成	5
intarmolecular	分子间的	1
International Energy Agency	国际能源署	5
inverter	变频器	1
ionization	电离；离子化	2
irradiance	辐照度	29
isomer	异构体	7
isoprenoids	类异戊二烯；甾类	1
iterations	迭次代数	1
K_2CO_3	碳酸钾	3
Klebsiella aerogenes	克雷伯氏菌	2
layer	层次；膜	6
lead-acid	铅酸	3
liquefied natural gas	液化天然气	3
liquid biofuels	液体生物燃料	14
lithium	锂	6
lithium ion battery	锂离子电池	1
lithium-ion	锂离子	5
load	负荷	18
load profiles	负荷曲线	5
low energy specific installation costs	低能耗特定安装成本	1
low-pass filtering	低通滤波	3
LPG	液化石油气	2

LSSPV	大型太阳能光伏	6
alfalfa	苜蓿	4
maintenance energy	维持能量	8
MATLAB	一种用于数学计算的程序	4
maximum specific growth rate	最大特定生长率	7
melting point	熔点	3
membrane	膜	16
meteorological variables	气象变量	1
methyl	甲基	19
methyl ester	甲酯	6
methyldibenzothiophene	甲基二苯并噻吩	1
methylphenanthrenes	甲基菲	1
microbe	微生物	2
micro-hydraulic	微型水力	9
MMC	垄断与合并委员会	3
modular experimental test-bed	模块化试验台	2
moisture content	含水量	43
MSW	城市生活垃圾	4
N_2	氮气	5
naphthalene	萘类	7
nitrate leaching	硝酸盐淋失	4
nitrogen	氮	6
nitrogen oxides	氮氧化物；一氧化氮	3
NMR (nuclear magnetic resonance)	核磁共振扫描	42
NO emissions	一氧化氮排放	2
nonferrous	有色	1
nonionic	非离子的；非离子物质	8
non-metallic mineral products	非金属矿产品	2
nonylphenol	壬基苯酚	19
nuclear energy	核能	2

oilseed	含油种子	9
oligomer	低聚物	17
optimization	优化	22
Orimulsion	奥里乳油	87
oscillation	振动	34
oxidation	氧化	27
oxidative phosphorylation	氧化磷酸化	1
oxide	氧化物	1
oxygen consumption rate	耗氧率	2
parameter	参数	8
payback period	投资回收期	29
peak power	峰值功率	4
peak shaving	调峰	7
pellets	球团矿	8
perennial crops	多年生作物	1
permafrost	永久冻土	1
phenanthrenes	菲类	4
phosphate	磷酸盐	3
photosynthetic production	光合生产	1
photovoltaics	光电池	1
physiological counterpart	生理上的对应	3
phytane	植烷	1
piezoelectric ceramic	压电陶瓷	27
pipet	移液管	1
polycyclic	多环的；多相的	2
poly ethoxylated	聚乙氧基化	26
power flow decomposition	潮流分解	5
power-to-gas	电力煤气	2
power-to-heat	光伏；太阳光电	11
P_r	风力机额定功率	1

prefilter	初滤器；预滤波	2
primary fuel	初级燃料	1
pristane	姥鲛烷	1
proven oil	已探明石油	1
pulverized coal	煤粉	4
PV	光伏	25
PV generation	光伏发电	15
PV panel	光伏板	1
PV power	光伏电力	4
PV-systems	光伏配置	2
pyrolysis	热解	69
radiation exposure	辐射照射	1
RCG	放射心电图	59
redox-flow	氧化还原液流	3
reference group	参照组	8
regional	局部的；整个地区的	20
renewable energy	可再生能源	38
renewable energy sources (RES)	可再生能源	113
reserve margin	准备金余额	3
residual heat	剩余热	1
risk-intensive energy sources	风险密集型能源	1
RME (rapeseed methyl ester)	生物柴油	117
rooftop PV	屋顶光伏	9
salix	沙柳，柳属	13
saturates	饱和物；饱和烃	8
SCCR	标准煤耗率	23
seismic	地震	63
self-discharge rate	自放率	3
SEM	扫描电子显微镜	8
shrinking-core model	缩核模型	5

silica	二氧化硅	3
simulink	仿真分析	4
siphon	虹吸管；虹吸	1
samarium ion	钐离子	2
Socio-demographic	社会人口学	2
sod peat	SOD 泥炭	1
soil erosion	土壤侵蚀；水土流失	1
solar	太阳的	1
solar energy	太阳能	77
specfic maintenance rate	具体维持率	5
spectrometry	光谱分析；光谱测定法	2
starch	淀粉	2
state of charge	充电状态	6
steranes	甾烷	2
storage product	储存产物	4
strip saturation model	带饱和度模型	14
structural equation modelling	结构方程模型	1
substrate	酶作用物	3
sulfur	硫黄	54
sulfur compounds	硫化物	3
sunflower methylester	向日葵甲酯	15
supercap	超级电容	8
surfactant	表面活性剂	71
sustainability	可持续性	9
sustainable energy	可持续能源	1
sweet sorghum	甜高粱	19
synergetic effects	协同增益	1
synthesis gas	合成气	41
terpanes	萜烷	5
the available data	可用数据	3

English	中文	数量
the char-CO$_2$ reaction	煤焦-CO$_2$ 气化反应	1
the slope of the line of regression	回归直线的斜率	2
thermal load curves	热负荷曲线	1
thermodynamic	热力学的	5
time-of-use tariff	时间关税	10
titration	滴定；滴定法	1
toluene	甲苯	1
uranium	铀	1
vacuum	真空	1
validity of the linear relation	线性关系的有效性	2
vectors	向量	2
vegetation zones	海拔高的植被区	1
volatiles	挥发物	1
voltage	电压；伏特数	22
volume-reaction model	体积反应模型	11
water-soluble hydrophobically associating polymers	水溶性疏水缔合聚合物	39
water-soluble polymers	水溶性聚体	18
weed treatment techniques	杂草处理	17
wind	风	1
wood chips	木屑，木片	15
xylene	二甲苯	1

第三章 语料库段落分析

第一节 总体特征

作为英语科技文献的一个子类别,能源专业英语论文具有英文科技文献的普遍规律又有其特殊性。英语科技文献包含科技会议报告、科普读物、科学报纸杂志、科技新闻与评论、产品指南、科技教材等资源。科技英语论文的目的大都在于科研成果的阐释。本书所选的能源专业英语论文都是发表在国际一流期刊上,用英语语言呈现的论文与报告。从搜集的各个年代的能源论文可以看出,这些能源类论文都是围绕几个主题开展的研究:新能源的开发与利用、能源污染的处理、能源转换、地区性的能源情况。

因英文科技文献的共性,一般科技文献的阅读和翻译技巧能够帮助理解能源类专业英文论文。如科技英语中偏爱用无灵主语,而在能源专业英文文献中无灵主语尤其常见,因为不能太主观化;科技英语多长句,有大量关联词语,这点在能源专业英文文献中也比较突出。由于科技英语重结构,英语句子有些比较长,在能源专业文献中,有些也具有这样的特征,但不是所有科技文献都有这样的特征。此外,能源专业英文文献中有类似于汉语的句子。汉语中流水句法比较突出,流水句法强调时间顺序和逻辑顺序,也就是按照时间的先后,逻辑的因果来表达。能源专业文献中也有类似汉语句子这样的逻辑结构。

此外,在内容上,科技英语总是先总提后分述,也就是先写主题句再给出例证或细节,能源专业英文文献中这样的特征尤其突出。在语态方面,科技英语多用被动语态,能源专业英文文献里面也经常使用被动结构。在词汇方面,科技英语多用代词,不喜欢重复,能源专业英文文献也是这样。

但是能源类专业英文文献也具有其特殊性。本章将分析能源专业英文文献的特点,并结合具体篇章分析能源语料库特征,词汇特征,提供练习段落,为能源类英文文献的阅读和翻译提供参考依据。能源专业文献中有的文献有大量专业词汇,非本专业人士难以理解文献内涵,但有的能源专业文献是用常规词汇表达专业含义的,有些单词在特定的环境中往往会产生新的含义。从原作者的角度来说,这个新的词义一般都是原有词义的引申;从翻译者的角度来看,这个引申含义需要去推理,即普通读者对某个词认识,放在句子却不知道它的确切含义,或者是明确知道它已经不是平时了解的那个意思,翻译时需要根据上下文来有所推测。

与一般性科技文献略不同,专业文献的目的都是为了分析问题,提出假设,解决问题并总结不足。能源类专业英文文献一般篇幅较长。文字叙述大多在分析问题,即文献综述部分及论文总结部分,集中体现在论文的开篇和结尾。摘要部分也是典型的文字叙述部分。同其他科技论文相同的是提出假设和解决问题的部分通常采用非常专业的数学推理、假设和实验过程,具体会使用公式、图表、图形来表示。此部分不作为阅读和分析的重点。本章将主要从语篇角度来分析能源类专业英文文献的特点并提供练习段落。

这一章主要从语篇特征，即语言特征、词汇特征、句式结构、逻辑结构和专有名词等维度分析能源专业英文文献语料的总体特征。通过对这些特征的分析，期望对该领域的语言写作手法、方式有一个大致的了解，为学生写作能源专业英文文献提供可借鉴的思路。

第二节　能源专业英文文献语篇特征分析

能源文献属于科技文献的范畴，具备科技文献的大多特征，如段落简明扼要。

专业论文文献的目的在于呈现科研成果与思想，在语句上区别于修辞多样的文学作品。除开专业词汇来说，语句本身简明扼要，朴实直观，多为简单句。

能源专业文献的目的是阐释研究成果，是对客观事物的观察、假设、描述，并陈列推理过程，因此使用被动语态能比较客观地陈述事物和现象，而不用过多在意主体对象。

例 3-1

Very little research has been conducted to optimize the energy efficiency of SSD systems. Saum and Fisk et al. have reported satisfactory performance with a 10 W system fan for some new houses. Passive or energy-efficient systems offer opportunities to drastically reduce the fan energy required by SSD systems. We expect these techniques will also have a much smaller impact on house ventilation, thereby largely avoiding the heating and cooling expenses associated with SSD system use. Further research should be aimed at defining the possible energy savings, relative effectiveness of reducing indoor concentrations, and applicability of these low-energy mitigation techniques[37].

段落分析：该段语句都为简单句。首句话就反映了论文的主要研究内容。除开比较陌生的专业词汇外，我们可以得知该篇论文所要研究的对象、研究内容、所采用的技术路线及所解决的主要问题。该段落让读者明白了该技术的未来发展方向，整个段落简明扼要，条理清楚。

参考译文：关于优化子板降压系统能源效率的研究很少。Saum 和 Fisk 等人已经报告，用 10 瓦的系统风扇在一些新的房屋中可以有令人满意的表现。抑制或节能系统提供了大幅降低子板降压系统所需的风扇能量。我们估计这些技术对房屋通风的影响也将小得多，从而极大地避免子板降压系统使用产生的供暖和制冷费用。进一步的研究应该旨在确定可能的节能量，如何相对有效降低室内浓度，以及低能耗减排技术的适用性。

例 3-2

Chemical structures of the best kinetic inhibitorsare given in Fig. 7. The first promising hydrate kineticinhibitor found was polyvinylpyrrolidone（PVP）（defined as a first generation inhibitor）, which consists of five-member lactam rings attached to a carbon backbone. Lactam rings are characterized by an amidegroup（-N-C=O）attached to thepolymer backbone. Molecular weights for the polymers ranged between 10 000 and 350 000. Patents have been granted forPVP as well as for other hydrate kineticinhibitors containing a lactam ring[38].

段落分析：本段给出了几个新概念。一是聚乙烯吡咯烷酮（polyvinylpyrrolidon），该概念是由之后的定语从句解释的；二是内酰胺，用被动句来解释了其特征；三是聚合物，并解释了聚合物分子量的变化范围。

该段落句子长且复杂，从概念出发，描述客观事实，环环相扣，逻辑性极强，由此避免了自然语言模糊性的特征，这是其科学属性所决定的。

参考译文：图7给出了最有效的动力学抑制剂的化学结构。第一个可能的水合物动力学抑制剂是聚乙烯吡咯烷酮（PVP，定义为第一代抑制剂），由连接到碳骨架的五元内酰胺环组成。内酰胺环的特征在于接连聚合物主链的酰胺基团（-N-C=O）。聚合物的分子量介于10 000和350 000之间。PVP及其他含有内酰胺环的水合物动力学抑制剂已获专利。

例 3-3

In most cases hydrogen is the preferred fuel for use in the present generation of fuel cells being developed for commercial applications. Of all the potential sources of hydrogen, natural gas offers many advantages, it is widely available, clean, and can be converted to hydrogen relatively easily. When catalytic steam reforming is used to generate hydrogen from natural gas, it is essential that sulfur compounds in the natural gas are removed upstream of the reformer and various types of desulfurisation processes are available. In addition, the quality of fuel required for each type of fuel cell varies according to the anode material used, and the cell temperature. Low temperature cells will not tolerate high concentrations of carbon monoxide, whereas the molten carbonate fuel cell (MCFC) and solid oxide fuel cell (SOFC) anodes containnickel <u>on which</u> it is possible to electrochemically oxidise carbon monoxide directly. The ability to internally reform fuel gas is a feature of the MCFC and SOFC[39].

段落分析：该段的信息中心是"hydrogen"和"fuel cells"。其他概念均是从这两个概念延伸的。从逻辑上讲，"hydrogen"

和"fuel cells"之间的转换需要一定的方法和介质，因此本段后半部分说明了与这个转换过程相关的一些特点和介质。由此出现了相关的专业词汇"catalytic""desulfurisation""solid oxide fuel cell"等。在所有"potential sources of hydrogen"中，有一个类型的资源具有特定的优势，而这个优势中的关键是"widely available, clean, and can be converted to hydrogen relatively easily"。在此之后提到整个转换过程。最后，为具体探索核心词汇"fuel cells"，该段又进一步阐述了"fuel cells"的特征，用具体的燃料电池类型解释了概念化"fuel cells"的特征。

通过该段可以发现能源文献阅读时需要关注的一个特点是概念和概念之间具有有机的联系。对于非该领域的读者而言，因为没有相应的知识框架，所以在阅读过程中需要查找每个专业词汇对应的含义，他们是为了了解和学习该领域内的专业知识，因此这段对他们而言信息量极大。而对于该领域的读者而言，由于具备相关的知识框架，本段提供给他们的有效信息量较少，因此他们只关注概念之间的关系，由此获得专业知识的扩展。

参考译文：在大多数情况下，氢是目前用于商用开发的燃料电池的优选燃料。在所有可能的氢气来源中，天然气具有许多优点，它来源广泛、清洁，并且可以相对容易地转化为氢气。当使用催化水蒸气重整天然气制氢气时，重要的是在重整器的上流除去天然气中的硫化合物，也可以采用其他类型的脱硫方法。另外，每种类型的燃料电池所需的燃料质量应根据所使用的阳极材料和电池温度而变化。低温电池不能耐受高浓度的一氧化碳，而熔融碳酸盐燃料电池（MCFC）和固体氧化物燃料电池（SOFC）正极含有镍，可直接被电化学氧化为一氧化碳。内在改造燃气的能力是 MCFC 和 SOFC 的一个特点。

例 3-4

　　This paper is a result of the evolution of researches on the prediction and identification of the solar EUV spectrumby Ivanov-Holodny and the author.

　　An absolute calibration of the solar EUV spectrum is given. The corresponding energy distribution is shown in Figure 2. During the minimum solar activity the radiation flux in the range below 1 027 Å near the earth is 2.6 erg/cm^2 sec, in the maximum it is 8 erg/cm^2 sec.

　　Abundances of fifteen elements in the solar atmosphere were deduced from a comparison of predicted and observed intensities of more than 300 lines in the spectral region below 1 215 Å. For the analysis of line spectra the most important problem is the identification of the observed radiation. This problem becomes more complicated if physical conditions in the investigated region allow the existence of a considerable variety of ions, as occurs in the solar atmosphere. To the present time a considerable number of solar EUV spectrum recordings below 1 000~2 000 Å have been made. Many of the lines (mainly weak) are not yet identified and estimations of the line intensities are not always reliable. All this concerns mainly the region below 300 Å[40]。

　　段落分析：第一部分开门见山地介绍了论文主题。用"this paper"客观地引出研究内容。该论文的研究中心鲜明突出，语言准确性高，准确地反映了研究事物的特征、本质和规律。文中复杂句少，长句少，除了第四段中"This problem becomes more complicated if physical conditions in the investigated region allow the existence of a considerable variety of ions, as occurs in the solar atmosphere"用到了"if"条件句和"as"引导的状语从句，其修饰和限制词语比较严谨。

此外,围绕着"solar EUV spectrum",该段落先阐述来源、再确定范围,然后才说明目前研究的现状和还没有探索清楚的事实。为了增加严谨性,大量被动语式被用于文章中,如"is given""is shown""were deduced""have been made""are not always reliable"等。

参考翻译: 本文是由 Ivanov-Holodny 和作者对太阳极紫外线谱进行预测和识别的研究进展结果。文中给出了太阳极紫外线谱的绝对校准。相应的能量分布如图 2 所示。在最小太阳活动期间,地球附近低于 1 027 埃范围内的辐射通量为 2.6 erg/cm^2 sec,最大值为 8 erg/cm^2 sec。通过对 1 215 埃以下光谱区的 300 多条光线进行比较性的预测和强度观测,推导出太阳大气中十五种元素。对于线谱的分析,最重要的是识别观察到的辐射。如同在太阳的大气层中那样,如果被研究地区的物理条件中存在大量的离子,这个问题就变得更加复杂。到目前为止,已经有关于低于 1 000~2 000 埃的太阳极紫外线谱的大量记录。许多光线(主要是弱光)尚未确定,光线强度的估算不太可靠。这些主要涉及 300 埃以下的范围。

例 3-5

Criticism of the paleontological work has been levelled on the basis that the data are noisy; animals <u>after all</u> become ill and they are affected by storms and other changes in their environment. <u>Also</u> astronomical predictions preceded many of the measurements <u>so</u> there might have been a tendency to favour the "correct" results. <u>However</u>, the remains of living organisms are at present our only source of data about rotation in the distant past <u>and so</u> it will be necessary to overcome these problems[41].

段落分析: 这段话主要内容是表明生物遗骸是古生物研究

工作中的基础数据来源。在这段话中，有许多无灵主语，分别为"criticism""animals""astronomical predictions""remains"。此段句与句之间衔接紧凑，逻辑关系词使用恰当，语义有承接关系，例如"after all""also""so""however""and so"。此段可以作为较好的能源文献阅读和翻译材料。

参考翻译：对古生物考证的工作建立在其繁杂的数据；毕竟动物生病了，同时还受到风暴和其他环境变化的影响。在许多测量方法之前也有天文学预测，所以可能倾向于选择"正确"的结果。然而，生物体的遗体是我们目前了解遥远过去的唯一数据来源，因此有必要克服这些问题。

例 3-6

　　Petroleum hydrocarbons <u>are</u> important energy resource and raw material for various industries. Increasing demand for petroleum products in day to day life may cause their scarcity and increase their cost as suitable alternatives <u>are still not found</u>. Petroleum hydrocarbon pollutants <u>are</u> recalcitrant compounds and <u>are classified</u> as priority pollutants. Anthropogenic activities such as industrial and municipal runoffs, effluent release, offshore and onshore petroleum industry activities as well as accidental spills cause petroleum hydrocarbon pollution. This pollution affects the environment and poses direct orindirect health risk to all life forms on planet earth. Marine environment <u>is considered</u> as the ultimate and largest sink for petroleum hydrocarbon pollutants, therefore <u>it is necessary</u> to combat pollution problem. Remediation of hydrocarbon pollutants and enhanced oil recovery <u>are</u> two main burning issues of petroleum industry. To understand the scope and strategies of pollutant bioremediation <u>it is essential</u> to first understand properties of crude oil, environment of concern, fate of oil in that environment, mechanisms of crude petroleum biodegradation and factors that control its rate[42].

段落分析：该段使用了大量的"be+短语"结构描述客观事实和主观意愿，其中"are still not found""are classified""is considered"采用被动结构。在处理"be"的翻译时考虑语境，把被动句换成中文的主动句。

在逻辑推演方面，该段采用了层层递进。首先，该段阐述事实"petroleum hydrocarbons"的需求在增长却没有合适替代品，得出石油污染的本质是"recalcitrant"，并进一步解释了该状况产生的原因及导致的后果。在此基础上，该段接着提出海洋环境是最突出的问题，进一步论证防治污染是必要的。最终得到本段落的写作目的——为防治石化污染，需要关注的核心要素是什么。

参考翻译：石油碳氢化合物是重要的能源资源，也是多行业的原料。日益增长的石油产品需求可能会导致原料匮乏和成本增加，毕竟还没有找到合适的替代品。石油碳氢化合物污染物为难降解化合物，被列为首要污染物。人为活动，如工业和都市废水，废气排放，海上和陆上石油工业活动，以及意外泄漏都能导致石油烃污染。这种污染会影响环境，对地球上的所有生物造成直接或间接的危害。海洋被认为是石油碳氢化合物污染物的最终最大的汇合槽，防治污染问题非常必要。碳氢化合物污染物的修复和提高石油采收率是石油工业的两个迫切问题。要了解污染物生物修复的范围和策略，首先要了解原油的性质、相关的环境、该环境中的石油性质、原油生物降解的机理，以及控制原油的生产率的因素。

例 3-7

It is appropriate to mention here some of the work carried out on copyrolysis of various biomass and coal mixtures which give insight into the interaction of biomass during pyrolysis. Klose and Stuke reported no interaction between coal and biomass during copyrolysis. However, Nikkhah et al. in their detailed copyrolysis studies of various biomass and coal mixtures in a batch reactor, reported increased gas yields, as well as increased heating value and hydrocarbon content of the pyrolysis gases. McGee reported copyrolysis studies of the mixtures of poly (vinyl chloride) (PVC) and wood/straw, to simulate municipal solid waste pyrolysis char. They found that the interaction between PVC and wood/straw increased the char yield but reduced the char reactivity. Copyrolysis studies conducted by Khan et al. on mixtures of coals and heavy petroleum residues and by Saxby and Sato on Australian oil shale and lignite, all in a packed-bed pyrolyser (PBP), revealed the prevalence of synergetic effects; they also showed that the initial composition of the feedstock mixture had a direct bearing on the product distribution and properties[43].

段落分析：该段落突出的特点是适用长句阐释，其专业知识复杂度决定了长句能够清晰地解释知识结构。通过"of""and"等连接了不同概念，通过大量如"which"等关系代词表达了不同概念之间的关系。其次，专业词使用较多，如"copyrolysis""pyrolysis""biomass""synergetic effects""heavy petroleum residues"等。最后，采用"conduct""reveal""show""report"等词汇表明了该段落重心是揭示规律和研究成果。这些词汇的频繁使用也表明能源行业文献和通常的科技文献研究具有内在的一致性。

在段落结构方面，第一句综括了本段的主旨，即通过"copyrolysis"得到"interaction of biomass"的研究是本段的中心。然后分别列举不同作者在不同混合物的"copyrolysis"分析中发现的结果和规律。相对语言特征而言，段落结构比较简单。

参考翻译：适当地提到一些关于各种生物质与煤混合热解分析的研究，可以了解热解过程中的生物质相互作用。Klose 和 Stuke 报道煤与生物质共热之间没有相互作用。然而，Nikkhah 等人在详细研究各种生物质与煤热解过程中发现增加的天然气产量，以及增加的热解气体氢含量和热值。McGee 报告了聚氯乙烯与木材/稻草混合后的共热解研究分析，通过模拟控制固体废弃物热解半焦，他们发现聚氯乙烯与木材/秸秆的相互作用提高了焦炭的产率，但降低了焦炭的反应性。由 Khan 等人进行的煤和重油残渣混合物的共热解研究，以及由 Saxby 和 Sato 对澳大利亚的油页岩和褐煤混合的研究揭示了协同效应的发生率。同时也表明原料混合物的最初构成对产品分布和产品性质有一个直接的关系。

例 3-8

In the model — as it stands now — one WASP-matrix is calculated for each wind farm. This might constitute a problem if the wind farm is big and therefore covers a large area, since the local effects and as a consequence the WASP-matrix will vary from turbine to turbine. As an example of this, consider the Kappel wind farm which runs along a more than 2 km long line. The normalised power production (taking only local effects into account) is shown in Fig. 6. From this it can be seen that significant variability (more than 15%) can be found within the wind farm. This leads to the conclusion that to estimate the local effects better it is not sufficient to look at only one point in a wind farm, but instead to look at all the turbines and then calculate an average correction. In the present model these differences are absorbed by the MOS filter[44].

段落分析：该段落使用到两个首字母缩略词，使段落显得不那么冗长和重复。譬如 WASP 是"Wind Atlas Application and Analysis Program"的缩写，MOS 是"Model Output Statistics"的缩写，这样使能源文献在表述时非常简短清楚，同时又客观准确。本段没有修辞，也多使用一般现在时、一般过去时和一般将来时这几种简单时态。

在段落结构方面，通过划分小标题进行循序渐进，具体逻辑是：模型—分析问题—举例说明—得出结论—解决方法。从小标题的划分也可以看出整篇文章的结构严谨，而这一段也是从 WASP 模型入手，分析可能出现的问题，然后再举例子，再得出结论是"只看风电场的一个点来估计当地的发电效应是不够的，需要看这个区域内的所有的涡轮机，然后计算平均校对值，这个得到的结果才是有效的当地发电效应"，最后提出解决方法。该段落每一步都非常清晰明了，体现了逻辑清晰的特点。

除此之外，该段结合图来分析标准化的发电量（只考虑局部影响）体现了该文的客观性。通过列举很多例子以方便读者去理解概念以及认可观点，体现了该文有理有据的特点。并且该段的遣词造句也不绝对化，分析事例时会顾全整体情况，不以偏概全，体现了科技文严谨周密的特点。

参考翻译：就目前而言，在模型中每个风电场计算一个 WASP 矩阵。如果风力发电场很大，并且覆盖面积很大，这可能会造成一个问题，因为当地的影响和 WASP 矩阵的结果将因涡轮机而异。在这里举一个例子，考虑一下沿 2 千米长的线路运行的 Kappel 风电场。标准化发电量（仅考虑局部影响）如图 6 所示。由此可以看出风电场内可以发现显著的变化性（超过 15%）。由此得出的结论是：只看风电场的一个点估计局部效应是不够的，应该看所有的风机，然后计算平均修正。在目前的模型中，这些差异被模式输出统计滤器吸收了。

例 3-9

Another significant type of associating polymer is prepared by hydrophobically modifying hydroxyl ethyl cellulose (HEC), orhydroxy propyl cellulose (HPC) by reaction with alkyl halides, acid halides, acid anhydrides, isocyanates, or epoxides. These polymers are claimed to have potential in IOR. Van Phung and Evani (1986) claimed that cellulosic associating thickeners have acceptable salt tolerance, but are ineffective at low concentrations and have poor thermal stability. They are also readily biodegraded. The synthesis, solution properties and rheology of associating cellulosic thickeners have been studied and are not examined in further detail in this work. The limitations of this class of associating polymer are a serious drawback for use in IOR[45].

段落分析：该段落大量使用了专业词汇，直接增加了阅读难度，读起来会很困难。但是，除去专业词汇，语法结构则相对清晰。比如"Another significant type ... is prepared ..." "... claim that ... have ..." "but are ... and have ..."能够体现出段落基本结构。同时，该段落修饰成分很少，几乎没有任何修饰词语或者短语等，完全是客观阐述研究对象的属性、内涵、特性等内容。

参考翻译：另一种重要类型的缔合聚合物是通过疏水改性羟乙基纤维素（HEC），或者通过羟基丙基纤维素（HPC）与烷基卤化物、酰基卤、酸酐、异氰酸酯或环氧化物反应来制备的。据称这些聚合物具有一定潜力。Van Phung and Evani 宣称纤维素缔合性增稠剂具有可接受的耐盐性，但在低浓度下无效且热稳定性差。它们也容易生物降解。大家已经研究过缔合纤维素增稠剂的合成、溶液性质和流变性，但在这项工作中没有进一步详细研究。这类缔合聚合物的局限性是 IOR 在使用中存在严重缺点。

例 3-10

　　In this paper, we present a new fuzzy-probabilistic methodology capable to represent uncertain geological knowledge and the prototype software tool called RCSUEX (Certainty Representation of the Exploratory Success) that implements the methodology. The main purpose of this work is to provide a method to deal with the problem of systematizing the process of correctly estimate chance of success of find hydrocarbon on a given prospect and to facilitate and to standardize the geologist argumentation task. This fuzzy-probabilistic methodology is founded in the following assumptions: risk can be qualified by set of questions and answers concerning the decision problem; when expressions like "moderate" and "severe" are significant for the domain expert, then fuzzy sets are more suitable for knowledge representation than "classical" or crisp sets; fuzzy logic is adequate to represent uncertainty in petroleum geology; the beta probability distribution is pertinent to represent the certainty of success of a random variable in a Bayesian approach [46]。

　　段落分析：该段落是一个典型逻辑的阐述。首先说明文献给出的方法模型，然后解释方法模型的内涵、建立基础。在逻辑上表达连贯，语义明确清晰，被动语态较多暗示文献以客观描述为主。该段语法结构复杂，例如，"we present a ... methodology ... and the ... tool called ..." 分别用两个定语从句和一个主谓宾结构表达了研究内容。"The main purpose ... is to provide a method ... and to standardize ... task" 同样用主谓宾结构附加两个定语从句解释本文提出的模型的内涵。

　　参考翻译：在本文中，我们提出了一种新的，能够描述不明确地质知识的模糊概率论方法，以及能够应用该方法的，被称为 RCSUEX（探索成功的确定性表示）的原型软件工具。这项工作的主要目的是，在设定的前景下，提供一种系统化方法来正确估计成功找到氢氧化合物的过程，并且有利于规范地质学家的论证工作。这种模糊概率方法建立在以下假设之上：风险可以通过有关决策的问题和答案来确定；当"适度"和"严重"这样的表达对该领域专家来说意义重大时，模糊集合比"经典"集合和脆性集合更适合于知识表示；模糊逻辑足以代表石油地质的不确定性；贝叶斯方法中，贝塔概率分布与随机变量成功性是相关的。

例 3-11

Storage of solar energy

At high latitudes, the capacity to store solar energy collected during periods of high insolation for six months or more, for delivery in winter or to meet a more or less constant load demand all year, dramatically increases the total annual useful energy collected per unit area of collector. In Bochum, Germany, for example, the area of a tilted collector required to intercept a given amount of energy for use in the four coldest months, without long term storage, is about eight times the area required for a horizontal collector with long term (eight month) storage. If account is also taken of the lower efficiency of collectors of solar heat during periods of relatively low light intensity, the relative collector area required in the two cases favours a long term storage system by a factor as high as about 15.

Variations in the annual quantity of solar energy intercepted by the same collector area in different locations at roughly the same latitude can be as large as a factor of three, as a result of differences in average cloudiness.

Fully tracking, focussing collectors intercept about two-thirds or less total usable radiation per year in very cloudy regions than horizontal or fixed, and tilted collectors that also collect diffuse radiation, but do not focus the light[47].

段落分析：首句解释了"the capacity dramatically increases the total annual useful energy collected per unit area of collector"，为了论证这个观点，引用德国的收集器例子说明了存储的重要性。为进一步延伸，考虑特定因素，存储器的作用会更凸显。此外，该文献大量采用比较的语句进行阐述。"as large as"和"than"等词语的应用严谨地描述了特定条件下产生的后果，在各种数据和条件的支持下得出的结论极具说服力。

参考翻译：

太阳能存储

在高纬度地区，需要存储在六个月高暴晒期或更长时间内收集的太阳能，并在冬季使用或满足大致恒定的负荷需求的容量，会大大增加每单位面积集热器所收集的电量。例如，在德国的波鸿，为了在四个最冷的月份内截留一定能量的使用而需要倾斜的集热器的面积（没有长期存储能力），大约是具有长期（八个月）存储能力的水平集热器所需面积的八倍。如果考虑太阳能集热器在相对较低的光线强度下效率较低，在两种情况中所需的相对集热面积，长期存储系统所需高达约15倍。

由于平均云量的不同，在同一纬度的不同地点，相同的集热器截取的太阳能的年度量变化可以大到三倍的差异。

全跟踪聚焦型集热器与水平或固定的倾斜集热器相比，每年多截取三分之二或略小的总可用辐射。倾斜装置的集热器可以收集漫射辐射，但不聚焦光线。

例 3-12

The aim of this article is to compile an inventory of the state of the art of biomass combustion technologies and to compare efficiencies, investment costs and emissions. The focus is on power plants with a capacity larger than 10 MW. On the basis of this inventory, it should be possible to draw conclusions about the relative position of the state of the art of biomass combustion compared with other new technological developments, such as biomass gasification[48].

段落分析：该段落使用的专业词汇/术语词义精确，针对性强，不像大多数功能词一词多义。其中，派生词占比较大。例如，表示行为性质等的后缀"-tion"（combustion，gasification）；由前缀"bio-"构成的词。较功能词，记忆这些词汇容易。在句子结构方面，常用名词化结构，即带有"of"的短语或词组，比较准确、严密且信息量大，但增加了翻译难度。在逻辑结构方面，明确且客观地陈述事实和问题，表述清晰，开门见山。段落结构内容清晰、严谨，能够让读者很清晰地了解研究对象。

参考翻译：这篇文章的目的是汇编生物质燃烧技术的现状，比较其效率、投资成本和排放量。重点是研究容量大于 10 兆瓦的发电厂。在此目录的基础上，可以得出有关比较生物质燃烧技术现状的相对位置与生物质气化等其他新技术发展的结论。

例 3-13

Energy has been the engine of nations' development, and this has driven mankind towards growing energy needs, in particular for transportation, agricultural and industrial activities and buildings. Energy for transportation is based on oil derived fuel, whereas energy in buildings consists mainly of electricity, which is produced from fossil fuels, nuclear power and/or from renewable energy sources, such as hydro and solar. Agricultural and industrial activities use a combination of fossil fuels and electric energy. To increase the sustainability of energy production and efficient energy use, it is urgent that better monitoring and control systems are used, and increase the energy production from renewable sources. This drives the energy sector towards the need for life cycle analysis of energy processes to support the selection and implementation of more sustainable energy systems, as well as to develop better and more intelligent electric energy grids, where storage energy systems plays an essential role. These questions will be briefly discussed in this paper, focusing in the current situation, existing problems and potential solutions, and expected developments.[49]

段落分析：该段第一句是能源专业文献写作中经典的语句，通过阐述能源对国家发展的重要性，引出 "transportation, agricultural and industrial activities and building" 四个领域的需要尤其重要。接着，再分别阐述这四个领域的能源需求类型，这既是解释第一句的内容，又是引出后面 "monitoring and control system" 和 "energy production from renewable sources" 的原因。然后，通过对 "selection implementation" 和 "develop" 三个关键词的阐述获得 "energy system" 的主要内容，引出储能系统的关键作用；通过前因后果的逻辑阐述得到 "energy systems" 的必要性，再由关键动词说明如何获得 "energy systems"。该段落是值得借鉴的典型示例。

参考翻译：能源一直是国家发展的引擎，推动了人类能源需求的增长，尤其是运输、农业和工业活动及建筑业领域的需求。运输能源以石油衍生燃料为基础，而建筑能源则主要由化石燃料、核能或可再生能源（如水电和太阳能）产生的电力组成。农业和工业活动使用化石燃料和电能的组合能源。为了提高能源生产和高效能源利用的可持续性，迫切需要采用更好的监测和控制系统，增加可再生能源的生产。这促使能源部门进行面向能源过程生命周期分析的需求，以支持更可持续的能源系统的选择和实施，以及开发更好、更智能的电网，其中，存储能源系统发挥着至关重要的作用。本文将简要讨论这些问题，讨论侧重于目前的情况，存在的问题和潜在的解决方案，以及预期的发展。

例 3-14

Another effective way to reduce external dependence on energy, to increase energy diversity and minimize the environmental impacts of energy production is to use nuclear energy. For this purpose, the government has begun work on the construction of two nuclear power plants one in Mersin/Akkuyu and the other in Sinop with capacity of 35 billion kW · h and 34 billion kW · h, respectively. By the end of July 2016, about 277 billion kW · h of electricity was generated in Turkey. If these plants were in operation, they would meet about 25% of this electricity produced.[50]

段落分析：该段落由 4 个句子构成，第一个句子的主语部分运用了排比的形式分别对 "another effective way" 进行解释，"to reduce external dependence on energy, to increase energy diversity and minimize the environmental impacts of energy production" 这三个排比句起到了强调说明，引起读者注意的作用。该段落的最后一句话运用了虚拟语气。"If these plants were in operation, they would meet about 25% of this electricity produced" 该句是对现在的假设，作者试图通过虚拟的语气的手法为我们解释这些发电厂在运行时产生电力的概念。

参考翻译： 减少外部对能源的依赖，提高能源多样性和减少能源生产对环境影响的另一个有效途径是使用核能。为此，政府已经开始在梅尔辛和锡诺普，分别建设350亿千瓦时和340亿千瓦时的核电站。截至2016年7月底，土耳其的发电量约为2 770亿千瓦时。如果这些电厂同时运行，他们将会满足约25%的电力生产需求。

例3-15

The Paleocene-Eocene column bears a significant Ypresian carbonate complex which includes inner evaporitic-sabkha/lagoonal sequences located in central East Tunisia, ramp-shaped platform carbonate edifices in the mid-gulf of Gabes, and pelagic packages including black shales and embedded biomicrites in the northwest (Fig. 12). Onshore, sedimentary series display carbonate bodies deposited under shallow marine rather restricted conditions (gypsum, anhydrite and Gastropoda-rich facies) which experienced dolomitization in sabkha to tidal-flat settings. Reactivating paleofaults are thought to derive the main peculiarities of these coastal sedimentary environments and subsequent but definitive geodynamic expulsion of the broad Kasserine island continued southeasterly by the Jeffara mole. The transition from inner-platform to mid-ramp carbonate environments in the gulf, includes three main megacycles (supersequences). The Upper Maastrichtian to Paleocene megacycle stratifies progradational to aggradational sequences with a remarkable change in sea-level. At the base, seismic evidence indicates sea-level lowering and marl sequences prograding and locally disconformably overlying older deposits. The K-T boundary seems to coincide with a relative sea-level fall and possibly an intra-El Haria tectonic pulse as evidenced in the sedimentary columns of Atlassicjebels. The second megacycle deposited El Garia mid-ramp carbonate rocks, highly enriched in Nummilitid tests. These lithofacies rest majorly on the northwestern flank of a broad Jeffara mole, similar to Kasserine paleohigh. This mole has progressively been covered by Ypresian limestones with coarse-sized foraminifered tests. The lower unit in the mid-ramp as evidenced from the numerous Ashtart wells, bears biomicrites subjected to subsidence rates increasing to the NW, and thus unfavorable conditions of Nummulite developments. Lens-shaped limestone bodies with NW - SE-oriented maximum thicknesses tend to indicate that syndepositional faults with similar directions intervened and modeled sedimentary sequences. This may also be testified by locally onlapping seismic reflections. The upper unit in mid-ramp characterizes a favorable milieu for living, homogeneous in size Nummulites, even if the tendency to deepening northeastwards (outer-ramp) has caused local Discocyclinid enrichments and bioclast accumulations bypassing the ramp. There is a reason to believe that carbonate oozes blown from the mid- an outerramp constructions have contributed to the formation of Globigerinid-rich micrites in the basin; whereas, planktonic proliferation and thus organic matter generation were conditioned by high sedimentation rates of clayey-carbonate oozes thus forming a thick blackshale interval in the BouDabbous Formation. The Lutetian-Priabonian supersequence marks a neat progress towards deepening. The Early Lutetian sea-level rise and presumably coeval subsidence inversion caused a neat change in carbonate bioaccumulations containing Discocyclinids which bear evidence to open marine milieu. Nevertheless, tectonic activity intervened rapidly and caused abrupt changes in paleobathymetry; this also offered issue to later Lutetian transgression over preexisting ramps and broad paleohighs, and definitive sealing of Ypresian oil traps[51]。

段落分析：该能源文献具有极度高的专业性，首先体现在专业词汇构成方面：大量地使用合成词，如文中"inner-platform"（内部平台），"mid-ramp"（中期斜坡），"super-sequences"（超序列）等词汇，都是通过单词组合而成新的专有名词。同时，将词组中的每个词的首字母加在一起构成新词和首字母缩略词，如"NW-SE"这类词汇。此外，大量地使用名词和名词词组也是该文献的重要特征。"The second megacycle deposited El Garia mid-ramp carbonate rocks, highly enriched in Nummilitid tests"就是为了简短而明确地表达概念。其他，如"energy lose""a day and night weather observation station"也是使用名词词组的典型例子。

由于该文献内容的复杂度高，文献用了复杂的长句来表示科学理论、原理、规律、概述，以及各事物之间错综复杂的关系。比如文中"The lower unit in the mid-ramp as evidenced from the numerous Ashtart wells, bears biomicrites subjected to subsidence rates increasing to the NW, and thus unfavorable conditions of Nummulite developments"，该句通过"from""subjected"等词来突出层次分明，逻辑严谨、周密。

同时，该文献使用正式规范的书面动词来替代具有同样意义但口语化的动词或动词短语来描述客观事实。例如文中"The K-T boundary seems to coincide with a relative sea-level fall and possibly an intra-El Haria tectonic pulse as evidenced in the sedimentary columns of Atlassicjebels"，该句用"coincide""pulse"等专业动词来表达客观现象。另一方面，该文献使用被动语态句讲述客观现象也增强了该文的专业性，如文中"This mole has progressively been covered by Ypresian limestones with coarse-sized foraminifered tests."等句子。

　　总之，该文献与普通英语文献相比较，除了词汇具有专业性，更多的是具有鲜明的逻辑性和简明扼要的特点；同时不会包含太多的主观色彩和文学修辞手法；而且偏重于简明扼要地陈述客观事实和论证客观现象的科学道理和内在的联系；准确地表达客观规律，按逻辑思维清晰地描述问题。

　　这类能源文献的类型对普通大学生而言极具挑战性，无论是阅读还是翻译都极具难度。不仅是因为这篇文章有大量专业词汇的使用外，还有学生专业知识的匮乏导致难以理解文章段落的核心内涵。

第四章　基于新能源分类领域的词汇分析

第一节　新能源发展概述

一、新能源的定义

新能源（new energy sources）是指刚开始开发利用或正在积极研究、有待推广的能源，具体是指相对于传统能源之外的各种能源形式。它的各种形式大都是直接或者间接地来自于太阳或地球内部深处所产生的热能（潮汐能例外），具体包括了太阳能、风能、生物质能、地热能、水能、核聚变能和海洋能，以及由可再生能源衍生出来的生物燃料和氢所产生的能量。

表 4-1　　　　　　　新能源分类

类别		传统能源	新型能源
一次能源	可再生能源	水力能、生物质能	太阳能、海洋能、风能、地热能
	非再生能源	煤炭、石油、天然气、油页岩、沥青砂、核裂变燃料	核聚变能
二次能源		煤炭制品、石油制品、发酵酒精、沼气、氢能电力、激光等离子体	

在 1981 年 8 月联合国新能源及可再生能源会议上，联合国开发计划署（UNDP）把新能源分为以下三大类：第一类为大中型水电；第二类为新可再生能源，包括小水电、太阳能、风能、现代生物质能、地热能、海洋能；第三类为传统生物质能。

二、新能源的使用情况

1. 世界能源消费现状分析

2016 年全球能源消费呈现能源消费总量和人均能源消费量持续增加的趋势。受世界人口增长、工业化、城镇化，全球化等多种因素驱动，世界能源年消费总量从 2006 年的 108.785 亿吨油当量增长到 2016 年的 132.763 亿吨油当量，近 10 年时间增长了 1.22 倍，年均增长 1.22%。近年来，亚太地区逐渐成为世界能源消费总量最大、增速最快的地区。

世界能源消费结构长期以传统能源为主，但其所占比重正在逐年下降，新能源的消费比例在逐年增长。随着工业化水平的提高和科学的进步，越来越多的煤炭、天然气、石油等传统能源需求被转化成新能源需求，传统能源在世界终端能源消费结构中的比重持续下降。2006—2016 年，煤炭、石油在世界终端能源消费中的比重分别下降了 0.3 个、2.5 个百分点，而清洁能源（核能、水力发电、再生能源）在世界能源终端消费的比重由零增长到 14.6%，增幅比例最大，具体情况如表 4-2 所示。

表 4-2　　　　2016 年全球能源消费结构

能源种类	所占百分比
核能	4.5%
石油	33.3%
天然气	24.1%

表4-2(续)

能源种类	所占百分比
煤炭	28.1%
水力发电	6.9%
可再生资源	3.2%

注：数据来源于环球资源网

2. 中国能源消费现状分析

由于人口的快速增长和经济的快速发展，我国的能源消费总量和人均能源消费量呈双向增加趋势。由于工业化、城镇化和专业化的发展进程，我国的能源消耗总量由2006年的17.29亿吨油当量增加到2016年的30.53亿吨油当量，近10年的时间大约增加了1.8倍。其中，我国的原油消耗减少了1.4个百分比，天然气的消耗增加了3.3个百分比，原煤消耗减少的比重最多，约为8.4个百分点，水力发电、可再生资源、核能的消耗比重均增加，而且清洁资源（核能、水力发电、再生能源）的消耗比重增加了13%，增幅比例较大，具体的数据见表4-3。

表4-3　　　　2016年中国能源消费结构

能源种类	所占百分比
核能	1.6%
石油	19%
天然气	6.2%
煤炭	61.8%
水力发电	8.6%
可再生资源	2.8%

注：数据来源于2016年中国统计年鉴

由表4-3可以看出,在中国的能源消费结构中,中国能源消费还是以传统能源为主。但是传统能源的消费比例在下降,而新能源的消费比例在逐年增加。

3. 世界和中国能源消费现状比较分析

由图4-1可以看出,世界和中国的能源消费均以传统能源为主,如石油、天然气、煤炭等。但是传统能源的消费在能源消费终端的比重逐年下降,而新能源在能源消费终端的比重逐年增加。虽然中国的清洁能源使用比例低于世界平均水平,但是中国清洁能源发展迅速。中国是一个人口大国,对能源的需求量较大,而传统不可再生能源供不应求,因此清洁能源的使用是非常必要的。数据显示,中国使用清洁能源的比例每年都在增加。2012—2016年,世界清洁能源平均增加了1.5%(14.6%-13.1%),中国增加了3.7%(13.0%-9.3%)。中国能源正在快步走向清洁能源,正在向新能源发展。由此对比可以看出,世界能源的发展趋势为由传统能源向新能源转化。

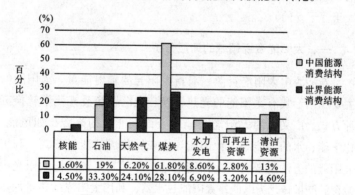

图4-1 中国和世界能源消费结构对比

第二节 新能源的种类及专业词汇分析

从上节分析可以看出：近年来，受传统能源——石油价格上涨和全球气候变化的影响，可再生能源的开发和利用越来越受到国际社会和各个国家的重视和关注。许多国家提出了明确的发展和开发新能源的目标，制定了支持可再生能源发展和利用的新型法规和有利政策，使可再生能源开发和利用技术水平不断提高。新能源产业规模逐渐扩大，成为促进能源消费多元化和实现可持续发展的重要可利用资源。

因此，在专业研究中，新能源也成为能源研究领域中的重要部分。下面就采用随机抽取的方法在数据库中提取新能源的代表性专业文献进行分析。本书在分析专业词汇时，一般筛选词频数大于10的专业词汇（关于地热能的专业词汇，选择词频大于等于5的）。

一、太阳能资源领域的词汇分析

新能源中太阳能资源一般指太阳光的辐射能量。太阳能的主要利用形式有太阳能的光热转换、光电转换及光化学转换三种方式。广义上的太阳能是地球上许多能量的来源，如风能、化学能、水的势能等由太阳能导致或转化成的能量形式。利用太阳能的方法主要有：太阳能电池，通过光电转换把太阳光中包含的能量转化为电能；太阳能热水器，利用太阳光的热量加热水，并利用热水发电；等等。在有关太阳能如何利用和开发，还有阐述太阳的特点等文献中，使用频率比较高的词汇如下：

（1）描述太阳能的特点的文章使用的高频词汇的次数，如图4-2所示。

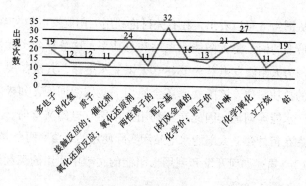

图 4-2 描述太阳能特性的高频词汇的出现次数

从图 4-2 可以看出，描述太阳能特性的高频词汇中，出现次数最高的是 ligand（配合基），因为太阳能需要相应的配合基因子才能发挥作用。在描述太阳能的化学特性中，需要对太阳能的化学成分进行研究，因此会涉及质子、催化剂、离子、钴等成分。

（2）描述如何利用太阳能进行发电的文献中使用的高频词汇的次数，如图 4-3 所示。

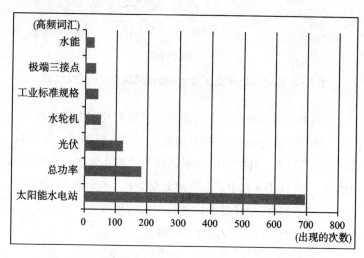

图 4-3 描述利用太阳能发电的高频词汇的出现次数

第四章 基于新能源分类领域的词汇分析 59

从图4-3可以看出，在有关讨论利用太阳能发电的文章中，出现最多的词汇是太阳能水电站和总功率，这是符合实际情况的，因为太阳能发电首先要建立太阳能水电站，其次需要考虑使用的总功率数。该类文章还会使用一些偏僻词汇，如极端三接点、水能等词汇。因此在写利用太阳能发电的文章时，主要是考虑在何处建立太阳能水电站和实际使用的总功率两个方面。

（3）描述如何开发和利用太阳能的文献中使用的高频词汇次数，如图4-4所示。

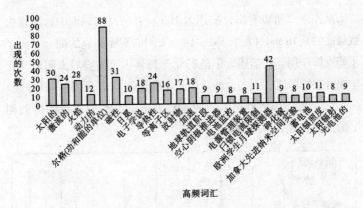

图4-4 描述如何开发利用太阳能使用的高频词汇的次数

从图4-4可以看出，在讨论如何开发和利用太阳能的文章中，其所使用的专业词汇有太阳能、尔格、探测器、导热性、等离子区等词汇，其中使用频率最高的词汇是尔格（是功和能的单位）。在这类文献中还会使用太阳辐射、光电池、纳米等词汇。这就说明利用和开发太阳能是与其特性有关，因此还需要一些词汇，如动力的、导热性、火焰等。

二、生物质能领域的词汇分析

现在，我们所知道的生物能源的最基本来源是生物质。生物质包括植物、动物及其排泄物、垃圾及有机废水等几大类。从广义上讲，生物质是植物通过光合作用生成的有机物，它的能量最初来源于太阳能，所以生物质能是太阳能的一种，是太阳能最主要的吸收器和储存器。太阳能照射到地球后，一部分转化为热能，一部分被植物吸收，转化为生物质能。由于转化为热能的太阳能能量密度很低，不容易收集，只有少量能量被人类利用，其他大部分存于大气和地球中的其他物质中；生物质通过光合作用，能够把太阳能富集起来，储存在有机物中。基于这一独特的形成过程，生物质能既不同于常规的矿物能源，又有别于其他新能源，兼有两者的特点和优势，是人类最主要的可再生能源之一。

生物质具体的种类很多，植物类中最主要也是我们经常见到的有木材、农作物（秸秆、稻草、麦秆、豆秆、棉花秆、谷壳等）、杂草、藻类等；非植物类中主要有动物粪便、动物尸体、废水中的有机成分、垃圾中的有机成分等。现在，对生物能源的运用，可以提高资源利用率。生物质能源最重要的特点是能够保障能源安全，而且减轻环境污染。在这一点上，作为生物质能源重要组成部分的能源作物更是体现得淋漓尽致。如甜高粱，不仅可以通过能量转换替代化石液体燃料，保障能源安全，同时还能保障粮食安全，而且还能吸收二氧化碳，其在加工过程中无污染，原料得以物尽其用。生物质能源是可再生能源领域唯一可以转化为液体燃料的能源。它不仅具有资源再生、技术可靠的特点，还具有对环境无害、经济可行、利国利农的发展优势。生物质能源是一种可再生的清洁能源，其开发和使用生物能源，符合可持续的科学发展观和循环经济的理念。当前生物质能源的主要形式有沼气、生物制氢、生物柴油和燃料乙醇。而在当前生物质能源中，我们所看的文献多数是关于生物质能的形成和开发利用。

因此在阐述新能源中有关生物质能文献的高频词汇出现的次数时，要考虑包括以下几个方面。

（1）关于生物质能形成所使用的高频词汇，具体出现的次数如图 4-5 所示。

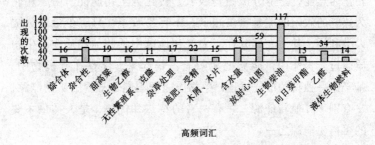

图 4-5 关于生物质能形成所使用的高频词汇的次数

从图 4-5 可以看出，关于生物质能如何形成的文章中出现的词汇主要有杂合性、生物柴油、含水量等词汇，其中使用频率最高的词汇是生物柴油。

（2）关于如何利用和开发生物质能的文章中使用的高频词汇出现的具体次数如图 4-6 所示。

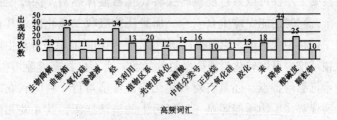

图 4-6 关于如何开发和利用生物质能的高频词汇的出现次数

从图 4-6 可以得出，在有关利用和开发生物质能的文章中，使用次数最高的专业词汇是降解，其次是曲轴箱，酸碱度、颗粒物、生物降解等在这类文章中也会涉及。

三、海洋能领域的词汇分析

海洋能具体指蕴藏于海水中的各种新能源，包括潮汐能、波浪能、海流能、海水温差能、海水盐度差能等。这些新能源都具有可再生性和不污染环境等优点，是一项可以开发利用的新能源。波浪发电，据科学家推算，地球上波浪蕴藏的电能高达 90 万亿度。现在海上导航浮标和灯塔已经用上了波浪发电机发出的电来照明；大型波浪发电机也已经出现了。中国在对波浪发电进行研究和试验，并制成了供航标灯使用的发电装置。潮汐发电，据世界能源组织预测，到 2020 年，全世界潮汐发电量将达到 1 000 亿~3 000 亿千瓦。世界上最大的潮汐发电站是法国北部英吉利海峡上的朗斯河口电站，发电能力为 24 万千瓦。中国在浙江省建造了江厦潮汐电站，总容量达到 3 000 千瓦。目前，全世界的潮汐发电、波浪发电和洋流发电等海洋能的开发利用取得了较大发展，其中初步形成规模的是潮汐发电，全世界潮汐发电总装机容量大约 30 万千瓦。

因此涉及海洋能的文献一般是从以下几个方面进行描述：一是有关海洋能的概念及其如何形成；二是如何开发和利用海洋能。因此在讨论描述海洋能的高频词汇时，本书主要是从海洋环境调查方面来寻找有关描述海洋能的专业词汇。

有关海洋环境调查所用的专业词汇的出现次数，如图 4-7 所示。

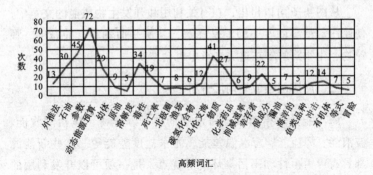

图4-7 有关海洋环境调查的高频词汇的出现次数

从图4-7可以得出,在海洋环境调查相关的文章中,使用频率最高的词汇是动态能源预算,其次是需要设置相关的参数。根据所调查的参数,利用相关的等式来求出变量,从而可以判定此处海洋蕴藏的能源,如海洋能、石油等。

四、地热能领域的词汇分析

地热能是来自地球深处的可再生性热能,它来自于地球的熔融岩浆和放射性物质的衰变。地下水的深处循环和来自极深处的岩浆侵入到地壳后,把热量从地下深处带至近表层。其储量比目前人们所利用的能量的总量多很多,大部分集中分布在构造板块边缘一带(该区域也是火山和地震多发区)。地热能不但是无污染的清洁能源,而且当热量提取速度不超过补充的速度时,该热能是可再生的。地球内部热源可来自重力分异、潮汐摩擦、化学反应和放射性元素衰变释放的能量等。放射性热能是地球主要热源。

因此对新能源——地热能的描述主要从两个方面进行:一是地热能的形成和特性;二是地热能的开发利用。本书在总结有关地热能的专业词汇出现次数时也是从这两个方面进行的。

（1）描述地热能的形成所使用的高频词汇出现的具体次数，如图4-8、图4-9、图4-10所示。

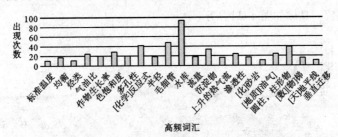

图4-8 描述地热能形成所使用的高频词汇的出现次数

图4-9 关于地热能形成和特性的高频词汇的出现次数

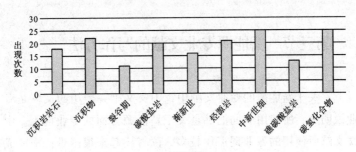

图4-10 关于地热能形成的专业词汇的出现次数

从图4-8、图4-9、图4-10中可以看出，关于地热能如何形成的专业词汇有沉积物、沉积岩岩石、地壳、地质层组、多孔性等词汇，其中使用的频率最高的是地壳。研究地热能是如何形成的肯定会涉及地壳的地质构成的。

（2）描写地热能的开发和利用的文章中专业词汇所出现的次数，具体如图4-11所示。

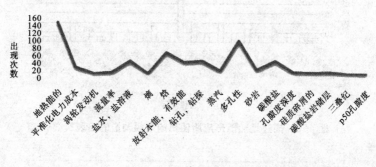

图4-11 关于地热能的开发和利用的专业词汇所出现的次数

从图4-11可以看到，关于地热能的开发和利用的专业词汇中，出现的次数最多的是地热能，其他的专业词汇比较晦涩难懂。

第三节 新能源专业文献的写作方法

在关于新能源的专业文献中，中文文献一般用的文体是专业说明文，所使用的词汇都是关于新能源方面的专业词汇。中文文献所使用的专业词汇比较多，读者读起来很困难；修饰成分比较少，用词讲究，因此相对来说是具有客观性的。而在关于新能源的英文文章中，句子一般比较复杂，高频率的专业词汇的使用有一定的规律可循。

在关于新能源的专业文献中，无论是中文还是英文，作者一般会使用总分结构，开篇阐明文章的主题，总结全文，使用关键词，为读者提供文章背景，使读者对文章难度有所了解。

总之，在有关新能源方面的论文或者文献中，使用相关的专业词汇能够使得文章用语简单明了、结构明确、不带有感情色彩，同时利用相关的数据和实验做支撑，能够有效地阐述所建立的模型及论点。虽然，本书在研究中所采用的样本数据量较小，但仍能够得到一些规律。通过了解这些高频率的词汇，可以发现新能源领域关注的重点问题和核心概念，同时，通过词频分析能够发现高频词汇和低频词汇之间的关系，可以进一步延伸到不同新能源主题研究方向的归类总结中。

第四节　小结

通过本章的分析，可以发现在太阳能研究领域，配合基、氧化还原反应、氧化、多电子、钴等词汇出现频率较高。在利用太阳能发电方面，太阳能水电站、总功率是出现频率较高的词汇。这些词汇一定程度代表了当前研究的热点。在生物质能研究领域，生物质能和生物柴油出现的频率最高，由此表明，生物能源更偏向如何将其转化为常规能源的研究和探索。海洋能研究领域，动态能源出现的频率最高，这主要涉及能源计算的研究，与生物质能的研究有显著差异。在地热能研究领域，高频词汇主要涉及地质构成和测量术语，可以看出其研究侧重于低热能开采条件及开采可行性方面。

第五章 专业文献词汇特征分析

现代科学技术日新月异，新产品、新概念、新理论不断地涌现，各种专业术语应运而生，令人耳目一新。无论从数量上还是从发展程度上来看，专业词汇已经成为英语词汇中最有活力的一个组成部分，且有着愈来愈重要的地位。专业英语文献的词汇由非专业词汇、次专业词汇和专业词汇构成。次专业词汇使用频繁，在任何专业文献中均占80%以上；专业词汇种类繁多、数量庞大。在专业文献中，"名词+名词"使文章结构灵活多变；大量的缩写词、符号、公式、分子式、方程式等构成了专业英文文献的词汇特色。下面主要通过专业文献的词汇层面来分析专业英语的文体特点，并以纯专业技术词和次技术词为重点，对当代专业英语词汇自身特点做出一些探索。

第一节 专业文献的词汇样本及使用分析

一、总体特征

本章选择了70篇自然科学类论文中的专业文献，文献中共使用专业词汇28 720次，其中使用专业词汇最多的一篇论文共有专业词汇 1 244 个,使用专业词汇最少的一篇论文仅含专业词汇 25 个。专业词汇使用分布如表 5-1 所示。

表 5-1　　　　　专业词汇使用分布表

分组（个）	频数	频率（%）
1~200	13	18.57
201~400	28	40.00
401~600	16	22.86
601~800	9	12.86
801~1 000	1	1.43
1 001~1 200	1	1.43
1 201~1 400	2	2.86
合计	70	100.00

如图 5-1 和图 5-2 所示,70 篇文献中,专业词汇使用数为 1~200 个的共有 13 篇论文,占比约 19%;专业词汇使用数为 201~400 个的共有 28 篇论文,占比 40%;专业词汇使用数为 401~600 个的共有 16 篇论文,占比约 23%;专业词汇使用数为 601~800 个的共有 9 篇论文,占比约 13%;专业词汇使用数为 801~1 000、1 001~1 200 个的各有 1 篇,各占比约 1%;专业词汇使用数在 1 201~1 400 个共计 2 篇,占比约 3%。

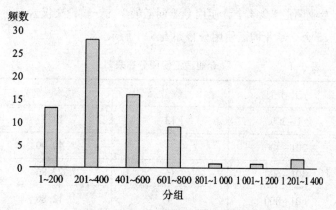

图 5-1　专业名词使用频数直方图

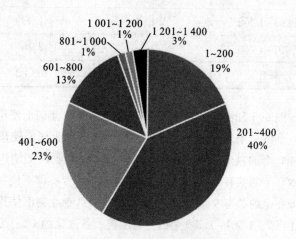

图 5-2　专业名词使用频率图

二、难点词汇分析

接下来，通过字母、字数及词性来分析高频难点词汇的规律。在 70 篇论文中随机抽取 30 篇论文，提取出最高频的词汇，如表 5-2 所示。

表 5-2　　30 篇论文使用频次最多专业名词

专业名词	中文释义	频率（占总数）	字母个数	词性
pyrolysis	热解	22.04%	9	名词
acrylamide	丙烯酰胺	11.44%	10	名词
RME	生物柴油	22.16%	3	缩略词
wind farm	风电场	23.49%	8	组合词
gasification	气化	18.69%	12	名词
peroxide	过氧化物	20.24%	8	名词
methane	甲烷，沼气	15.49%	7	名词
inhibitors	抑制剂	18.86%	4	名词
insulation	绝缘，隔热	9.05%	10	名词
degradation	降解	10.11%	11	动词
aromatic	芳香族	13.26%	8	名词
SSD	sub-slab 减压	17.38%	3	缩略词
genetic	遗传的	23.05%	7	形容词
energy	能源	18.57%	6	名词
fossil fuels	化石燃料	16.38%	11	组合词
transistor	晶体管	4.03%	10	名词
dynamo	发电机	11.88%	6	名词
hydrate	水化合物	21.30%	7	名词
combustion	燃烧；氧化	41.20%	10	名词
reservoir	水库	15.06%	9	名词
pumped-storage	抽水蓄能	17.35%	13	组合词
geothermal	地热	22.91%	10	名词
hydroelectric（HE）	水力发电的	56.17%	13	形容词
ethanol	乙醇	44.85%	7	名词
VSD	变速转动	12.26%	3	缩略词

表5-2(续)

专业名词	中文释义	频率(占总数)	字母个数	词性
diesel	柴油机	15.14%	6	名词
geothermal	地热能的	24.10%	10	形容词
erg	尔格（功和能的单位）	20.32%	3	缩略词
dendrimer	树形分子；聚合物；树状聚物	18.56%	9	名词

通过表5-3和图5-3可以直观地发现，一般最高频词汇在一篇文献的使用频率为10%~20%，也有很多最高频词汇占到专业词汇的20%~30%。

表5-3　　　　最高频词汇使用分布表

频率（%）	0~10	10~20	20~30	>30
个数	2	16	9	3

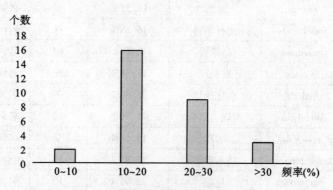

图5-3　最高频词汇使用频率直方图

在最高频词汇中，通过表5-4、图5-4和图5-5表可以发现，这些高频词的单词字母基本在12个单词以内。在英语中通常把7个字母以内的单词称为小词。同时我们可以发现，最高频词汇是小词的数目占到40%，占比最多的是8~12个字母的词汇，占到53.3%，而大于12个字母的超长词汇则不足10%。在这些最高频词汇中，我们可以发现基本都是专业名词术语，然后是一些缩略词或组合词，而动词和形容词占比很小。

表 5-4　　　　最高频词汇字母个数分布表

字母个数	1~7	8~12	>12
个数	12	16	2
频率（%）	40	53.3	6.7

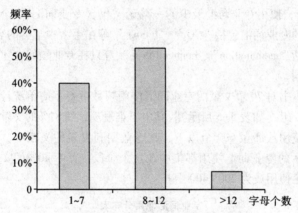

图 5-4　最高频词汇字母个数直方图

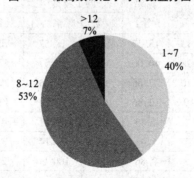

图 5-5　最高频词汇字母个数频率图

三、专业文献的词汇使用分析

1. 专业词汇的使用概况

研究表明,专业文献的基本结构是相似的,主要包括标题、作者及其工作单位、摘要、关键词、正文和参考文献,正文包括引言、实验过程、图标与讨论、结论等几个部分[50]。

本书选择的70篇英文文献全都来自世界一流的期刊,例如 *Energy Policy* 等。选用的70篇能源专业论文中,共使用专业词汇28 720次,其中使用专业词汇最多的一篇论文共有专业词汇1 244个,使用专业词汇最少的一篇论文仅含专业词汇25个,所采集的专业词汇包括"CO_2""biomas"等在生活中常见的名词,也包括"methanation""hemicellulose"等只在专业领域中才出现的名词。

本书对70篇文献的专业词汇使用频数进行了简单统计,并分为6组(如表5-5所示),其中不难发现,约81%的文章专业词汇使用数都在600个以下,在专业期刊发表的文献中,大多数文章的专业词汇使用都集中在这个阶段;其中40%的文章专业词汇使用数为200~400个。

表5-5　　　　专业词汇使用分布表

分组(个)	频数	频率(%)	向上累计		向下累计	
			频数	频率(%)	频数	频率(%)
1~200	13	18.57	13	18.57	70	100.00
201~400	28	40.00	41	58.57	57	81.43
401~600	16	22.86	57	81.43	29	41.43
601~800	9	12.86	66	94.29	13	18.57
801~1 000	1	1.43	67	95.71	4	5.71
1 001~1 200	1	1.43	68	97.14	3	4.29
1 201~1 400	2	2.86	70	100.00	2	2.86
合计	70	100.00				

如图 5-6、图 5-7 所示，70 篇文献中，专业词汇使用数为 1~200 个的论文共有 13 篇，占比 19%；专业词汇使用数为 201~400 个的论文共有 28 篇，占比 40%，表明在这 70 篇期刊中，专业名词使用数在这个区间的论文篇数是最多的；专业词汇使用数为 401~600 个的论文共有 16 篇，占比 23%；专业词汇使用数为 601~800 个的论文共有 9 篇，占比 13%；专业词汇使用数为

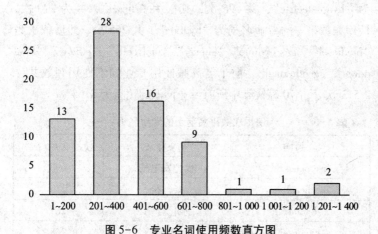

图 5-6 专业名词使用频数直方图

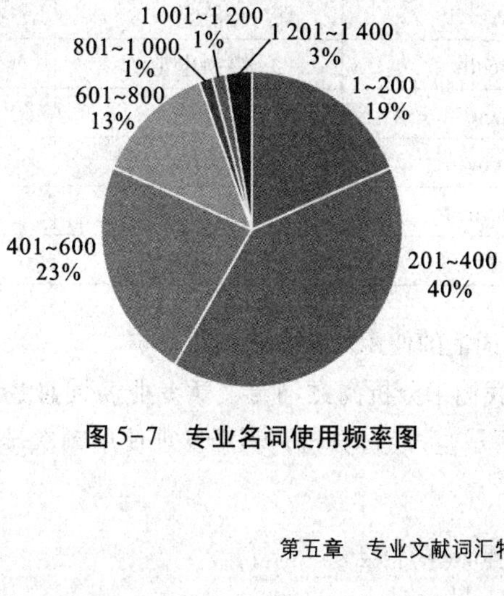

图 5-7 专业名词使用频率图

801~1 000、1 001~1 200 个的论文各有 1 篇,各占比 1%;专业词汇使用数为 1 201~1 400 个的论文共计 2 篇,占比 3%,这个数据表明在 70 篇论文中,使用专业英文词汇数超过 1 000 个的论文并不多。

在选用的 70 篇文献中,我们将使用次数排名前十的单词定义为高频词。经过统计,如表 5-6 所示,使用次数最多的单词为"hydroelectric",共 696 次,其次为"diesel",共为 270 次,使用频数第三的专业名词为"hydrate",共 265 次,此后依次为"biodiesel""gas hydrate""energy""fuel cells""ethane""total power""geothermal"。前十名高频使用专业词汇使用频数共计 2 513 次,占 70 篇文献中所有专业词汇的比重为 8.6%。

表 5-6　　使用次数排名前十的专业名词

高频词	中文释义	使用次数(次)
hydroelectric	水力发电的	696
diesel	柴油机	270
hydrate	水化合物	265
biodiesel	生物柴油	238
gas hydrate	天然气水合物	197
energy	能量	180
fuel cells	燃料电池	177
ethane	乙烷	169
total power	总功率	165
geothermal	地热的	156
总数		2 513

2. 高频词汇的使用对文章阅读的影响

下面,我们来分析高频词与文章专业名词总数之间的关系(如表 5-7 所示)。经过分析,不难发现使用频次排名前十的单词分属于三篇不同的英文论文,这三篇论文来自不同的英文期刊,我们将这三篇论文编写序号,分为1、2、3。

表 5-7　　高频词与专业名词总数的关系

序号	高频词	频次	专业名词总数	百分比
1	geothermal	156	1 239	13%
1	hydroelectric	696	1 239	56%
1	total power	165	1 239	13%
1	fuel cells	177	1 239	14%
2	hydrate	265	1 244	21%
2	gas hydrate	197	1 244	16%
2	ethane	169	1 244	14%
2	energy	180	1 244	14%
3	biodiesel	238	1 123	21%
3	diesel	270	1 123	24%

经过比较,我们发现这十个单词分属的三篇文章,同时又是专业词汇使用数量最多的前三篇文章,专业词汇总数分别是 1 239 个、1 244 个、1 123 个。其中,使用频次最高的单词"hydroelectric"所在的英文文献,其使用专业词汇也较多。这可以看出单个单词重复使用的次数对整篇文章总的专业词汇使用有很大的影响。在专业英文文献的阅读中,单个重点词汇的理解对整篇文章的理解都有十分重要的影响。

下面,我们将要分析高频次数与非高频次数的关系。图 5-8 向我们展示了专业词汇中高频词数与非高频词数的相互关系。从图 5-8 中我们可以观察出,专业英语词汇使用得较多的文章中,大部分专业词汇都是高度重复的。在论文 1 中,高频词汇数占总专业词汇数 84%,其他专业词汇数仅为 16%;论文 2 中,高频词汇数占总专业词汇数 65%,其他专业词汇数仅为 35%;

论文3中，高频词汇数占总专业词汇数的45%，其他专业词汇数为55%。也就是说，在阅读专业英文文献的时候，只要学生理解清楚了高度重复的这些单词，那么剩下的专业词汇对学生的阻碍将会变得很小。

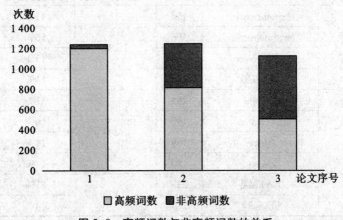

图5-8 高频词数与非高频词数的关系

3. 专业词汇使用数的特点

根据以上分析，我们可以总结出专业英文词汇在文献中的使用具有以下特点：

一是文献中专业词汇的使用数大多为200~600个，可以看出专业词汇的掌握对文章的理解是至关重要的。

二是专业词汇的使用重复率很高。虽然专业英文词汇对文章的理解十分重要，也是造成学生阅读障碍的主要原因，但是通过对使用专业词汇最多的前3篇文章进行分析，不难发现这些专业词汇的出现并不是一两次，大多数专业词汇都会重复出现以突显这篇文章的主要研究内容和中心思想。其中，一篇文章重复次数最多的单词占该篇文章专业词汇总数的56%。换句话说，在文章的阅读中，要对多次重复的专业词汇进行重点突破，才能快速抓住这篇文章的主题。

三是高频词汇与摘要和关键词紧密相关。阅读摘要和关键词是英文文献阅读的重要步骤。摘要和关键词可以帮助读者快速了解这篇文章的研究背景、方法、创新点等重要内容,读者可以通过阅读摘要和关键词来判断自己是否需要对该篇文章继续阅读。其中,文章的高频专业词汇一般会在摘要和关键词中出现,或者与其高度相关。读者可以根据摘要和关键词的研究方向推测高频词汇所属的领域和含义,以此来提高自己对文章的理解。

第二节 专业文献的词汇特点总结

专业文献虽然没有普通文献更易理解,但是用词更准确、更严谨。同时,专业文献会列举大量的例子来证明文章中提及的观点,为自己的论点提供支撑;词汇上大多使用中性词(形容词),不带感情色彩,有大量专有名词,并且句式与日常英语相比更加简单,不使用各种修辞手法,简洁明了,以便读者能够进行大篇幅的阅读[52]。

专业文献中专业术语多、复合词多、缩略词多、用词明确,同时会使用较多的名词化结构、被动语句、非限定动词、后置定语及长句。

具体特点如下:

一、专业术语多且词义专一

专业术语指某一学科领域所特有或专有的词汇,其词义常不为专业外人士明白,正如人们常说的隔行如隔山。大部分技术词汇词义专一,在英语中出现的频率也不很高。通过本书前面的分析,我们不难看出专业文献的鲜明特点:具有很高的正式程度和很强的信息能力。由于现代行业种类繁多，学科门类庞杂，所以在一定程度上专业词汇涉及的范围也很广，如"acrylamide"（丙烯酰胺），"aromatic"（芳香族），"methane"（甲烷，沼气）等专业词汇。从上述例子我们可以发现一个规律：一般意义上讲，这类词词形越长，词义越单一。而与之相反的是，在一般的通用英语中，一词多义和一义多词的现象却屡见不鲜，如我们称为万能词的"make""do""have"，它们几乎可以用来代替英语中的所有动词，在不同的语境下可以被赋予不同的意思。

二、次专业词的大量使用

次专业词汇指各专业、各学科都常用的词汇，如"energy""accumulate""accuracy""capital""cell""charge""genetic""load""intense""motion""operation""potential""pressure""react""reflection""resistance""revolution""tendency"等。次专业词汇往往给专业文献读者造成困难，一方面是由于这些词汇在专业文献中出现频率很高，据英曼（Inman）1978年估计：次专业词汇在专业文章中出现率高达80%；另一方面是因为读者在一般英语中常遇到的这些词汇在不同的专业、不同的场合有不同的意义。例如，"work"作为名词，在日常生活中的意思是工作、操作、加工、作业、事业、职业、著作、作品等；在物理学中的意思为功；在机器制造业中的意思为工件、工艺、机械、机加工、修理。这类词往往在不同的语境有着不同的意思。"tension"这个词，在早期的英语中表示蒸汽机的压力，继而在一般生活中用它表示紧张，在力学中表示张力，在电学中表示电压。虽然这几个意思的基本含义大致相同，但它们具体所指的含义不同。张力、压力、电压都是完全不同的概念，但却处于同一个系统内[53]。

三、常用不同的缩略词和合成词

专业英语文献中还有多种多样的缩写词。常见的缩写词如：RME（生物柴油），SSD（sub-slab 减压），AC（交流电），scv（交换虚拟电路），MVA（机械振荡分析）。此外，在专业英语文献中还有大量的截短词。有的截去词尾，如：ad（广告），auto（汽车），gas（汽油），kilo（公斤），trig（三角学）等。同时专业英文文献经常会出现一些组合词，"名词+名词"结构灵活多变，如 gas phase（气相），sustainable energy（可持续能源），transmission accuracy（转动精度）。

四、用词多为不带感情色彩的中性词

专业英文文献的用词一般不像通用英语词汇、文学英语词汇那样具有丰富的感情色彩，虽然这些词汇可以用来表示肯定或否定，但无褒贬之意。所以专业英文文献往往选用一些较长的特定词，只有这样才能清楚地表达含义，从而达到客观描述的目的，如表示满意，用"satisfactory"而不是"OK"；表示引起，用"cause of"而不是"lead to"；表示维持，用"maintain"而不是"keep"。

第三节 专业文献学习要点

专业英语把英语和专业知识紧密结合起来，通过英语用专业语言来说明客观存在的事实或事物[54]。专业文献的阅读对本科生、研究生、博士生都有十分重要的意义。在当今科学技术迅速发展的环境下，专业英语论文是学生了解专业区域国内外研究趋势的重要途径和必要手段。英语是世界通用语言，英文

文献中储存了大量的专业学术知识、研究成果等，学生有必要通过阅读专业英文文献来提高自己的能力。专业英文文献阅读的重要性主要体现在以下两个方面：

1. 英语期刊是学术成果的主要发表地

当今世界的学术期刊中，60%都是英文期刊，其中世界顶级的期刊几乎全都是英文期刊，大约有三分之二以上的研究者使用英语发表论文。英文作为国际通用语言，储存了丰富的资料和重要的研究成果。阅读英语专业文献可以熟悉国际最新信息、学科前缘，是拓宽自己的专业视野的最佳和最有效的途径。

2. 专业英语阅读能力与英语学习相辅相成

从写作的角度来说，专业英文文献与日常英语有许多不同之处，但语言的学习都是共通的。日常英语不仅是与国际沟通的一种方式，也是学生顺利阅读专业英文文献的基础。因此，在高校教育中一定不能忽视日常英语的重要性。而专业英文文献的阅读又反过来提高了学生的日常英语学习能力，学生可以在阅读的过程中拉近与学科前沿研究的距离，在阅读中不断思考、怀疑，将自己的专业兴趣与英语学习恰当地结合在一起，从而有力地激发英语的学习动机。

为提升专业文献相关能力，可从探索专业词汇规律入手，在学习方面总结有效方法，形成自己的方法，可参考以下几点：

第一，读一篇英文文献的时候，首先阅读题目和摘要，尤其是专业文献，找到题目和摘要中的关键词汇进行翻译并做好笔记；了解文章主旨，在文段阅读中圈出高频词汇，加以记忆。

第二，定期集中时间看英文文献或者相关书籍，集中时间阅读，做好读书笔记，这样有助于思维连贯，能更好地启发研究思路。培养随时单词记忆的习惯。

第三，平时学习要善于收集专业名词。阅读专业英文文献的主要障碍是在于专业词汇较多，而且这些专业英文词汇往往比较生僻。然而，对于某个专业领域的英文文献来说，大多数英文词汇都是反复出现的，因此日常学习中要形成收集的习惯，这样便可以大大减少查阅单词中文意思的时间。

第四，学会比较和分析。专业领域中，许多相关研究都是有相似点的，在阅读文献的过程当中，应当学会比较各篇文章之间的异同，善于思考[55]。

第四节 小结

本章总结了专业文献词汇的特点，希望能给专业文献学习者提供一些帮助，从而提高英文文献的阅读能力，同时对相关英文文献的翻译也能提供一些翻译的角度，可供学习者参考。

第六章　教育视角下的专业文献分析

随着全球化的不断发展，各国之间的交流日益密切。作为当今世界上主要的国际通用语言之一，英语十分重要。英语阅读能力是提高英语综合能力的基础，在培养英语学习者的语感、促进词汇积累及提高写作水平方面发挥着重要作用。也就是说，要想提高英语综合能力，需要在英语阅读方面下功夫。

然而，在世界经济发展的当前形势下，仅具备通用英语技能还不足于应对工作中的问题。因此，对当代大学生而言，不仅仅要学好基础英语，更要强化专业性英语方面的学习，满足日后发展的需要。

专业文献的文体又称"科学文体"（scientific prose style），也常被称为专门用途英语。有关自然科学和社会科学的专著、学术论文及实验报告等均属这类文体。一般来说，专业文献的文体属于正式文体，它讲究逻辑上的条理清楚和思维上的准确严密，而不是追求语言的形象性和艺术价值。因此，多数专业文献是客观地叙述事物的过程和特性，陈述客观真理。[1]

由此可见，专业文献具有不同于其他文体的特点，对其他类型文章具有较强阅读能力的学生不一定擅长阅读专业文献。基于这种情况，我们对某高校大学生专业文献的阅读情况进行调查，希望根据其反映的问题，在英语文章的普遍性的基础之上找出专门用途英语的特殊性，并提出英语专业大学生提高专业文阅读能力的方法。

第一节 研究方法

一、研究对象

以某高校 2015 级英语专业的两个班的同学为调查对象。该校面向全国招生，生源来自全国各地，较好地涵盖了不同地区的同学。需要提到的一点是，该校是以经济学管理学为主题、金融学为重点的财经类 211 高校，生源质量属于中上水平，且学生接触更多的是财经类英语，因此调查结果不能代表全国英语专业大学生的普遍水平。

二、材料搜集方法

为了调查同学们在阅读英语专业文献时遇到的问题及相关看法，我们选取了两个班的同学，令其阅读 1~2 篇英语专业类文章，找出文中重要的专业词汇以及出现的频率，并写一份对文章的分析与感悟。我们对同学们上交的数据进行了汇总整合，分析其中的问题。

第二节 句子特点分析

专业英语是由日常英语发展而来，但在单词的使用和语法的表述上又与日常英语存在着许多不同，其中最明显的两个特点：广泛使用名词化结构和大量使用被动语态[56]。

一、名词化结构

名词化指的是把动词、形容词等通过一定的方式，如加缀、转化等转换成名词的语法过程。即在日常英语或其他功能和题材里用动词、形容词等词类充当某种语法成分，在专业英语里往往会转化为由名词充当这种语法成分，其中最明显的就是动词名词化和大量表示行为或状态的抽象名词。

例如，在日常英语中我们通常说：

"We can improve its performance when we use super-heated steam."

翻译：可以使用超热蒸汽改进其性能。

而在专业英语中，我们通常说：

"An improvement of it's performance can be effected by the use of super-heated steam."

由于大量使用名词化，专业英语中名词出现的频率将会大大增加。动词变为名词的主要方式是加后缀，如 -ment, -sion, -tion, -ance, -xion 等后缀。当然，这些名词不仅可以表示动作，还可以表示存在的状态、手段、结果等。例如：

"The dependence of the rate of evapo ration of a liquid on temperature is enormous."

翻译：液体蒸发速度很大程度上取决于它的温度。

相比于日常英语，专业英语更加追求句子结构精简、逻辑性强，能用最清楚的方式表达出事物之间的因果关系，因此专业英文文献的表达往往更加抽象。

专业英语要求用词简洁、表达明确、结构严密、描述客观[77]。因此，在专业英文文献中，可以通过名词短语的形式来表达一个日常英语中的长句结构，并且逻辑比日常英语更加清晰。此外，动词名词化能够表达出科学研究中事物的重要性，由此可以引起读者的高度重视，从而传达出该篇文章研究者的感情。

二、被动化语态

专业英文文献中，研究者表达的重点不在于谁做，而在于怎么做。在日常英语中，表达者经常强调主、谓、宾的设置，要求句子的行动主体清晰，而在专业英语中，动作的执行者是无关紧要的，我们强调的是方法或结果。

专业英文文献中，被动句主要体现出以下三种方式：

一是若主语为无生命名词，则可以将英语被动句理解为汉语的主动句，例如：

"Matter is known to occupy space."

翻译：我们都知道物质占有空间。

二是当研究者强调的是研究对象或研究动作方法时，可以直接理解为汉语被动句，例如：

"The laws of motion will be discussed in the next articles."

翻译：运动定律将在下一篇论文中予以讨论。

三是若主语不重要，则可以直接理解为无主句，例如：

"Heat losses can be reduced by fire bricks."

翻译：可以用耐火砖来减少热量的损耗。

应当灵活理解专业英语中的被动句，学生在阅读时应理解其主要含义和强调内容。专业英语的翻译有非常多的技巧，也有很高的难度，在阅读专业英文文献时不要求逐字逐句完整翻译，而是应该在阅读的过程中提炼出对学习研究有帮助的内容，理解其中心思想。

第三节 个案研究

一、学生角度的专业词汇

图 6-1 展示了一位同学阅读 Pio Forzatti 和 Gianpiero Groppi 的 *Catalysis Today* 时，统计的重要词汇词频结果。

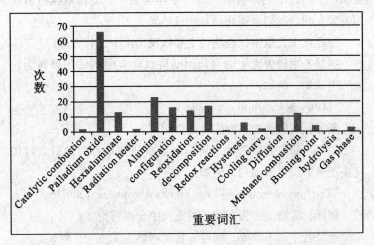

图 6-1 *Catalysis Today* 中重要词汇词频

从图 6-1 中我们可以发现这些词汇大多都具有高度术语性，在日常英语阅读中较少遇到，像 Palladium Oxide、Aluming、decomposition 这种专业名词被反复使用。

此外，我们可以发现这些词大多比较"长"，如"decomposition"，这样的词多来源于法语和拉丁语，因此更具有准确的意义，更加符合专业英语力求准确的要求。"Catalytic combustion"（催化燃烧）、"methane combustion"（甲烷燃烧）这类复合名词的使用也较多，使得文章更加紧凑利落[1]。

二、学生角度的段落分析

专业文献基本没有出现描述性的句子,没有运用修辞手法,直接明了。

以下为一位同学对"Short-term Prediction of the Power Production from Wind Farms"中的一段做出的分析。

文章段落摘抄:

"In the model — as it stands now — one WASP-matrix is calculated for each wind farm. This might constitute a problem if the wind farm is big and therefore covers a large area, since the local effects and as a consequence the WASP-matrix will vary from turbine to turbine. As an example of this, consider the Kappel wind farm which runs along a more than 2 km long line. The normalised power production (taking only local effects into account) is shown in Fig. 6. From this it can be seen that significant variability (more than 15%) can be found within the wind farm. This leads to the conclusion that to estimate the local effects better it is not sufficient to look at only one point in a wind farm, but instead to look at all the turbines and then calculate an average correction. In the present model these differences are absorbed by the MOS filter."[44]

"句子总的特点是修辞少、时态少、被动句多。不多使用修辞,使用的时态很少,涉及一般现在时、一般过去时和一般将来时这几种简单时态。因为专业文献更加注重对于事实和结论的描写,以及逻辑上的推理,很少会有主观的,有情感的或形象的描述。从这段中还可以看出专业文献的句法特点:广泛使用被动语态句,这也和专业文献主要是讲述客观现象和介绍专业成果的目的有关。使用被动句比用主动句少了主观色彩,并且能够突出想要介绍的行为客体,也满足了有时不需要或不可能指出行为主体的时候的需求。"

该同学较好地总结了英语类专业文献句子的一些结构特点。专业文献主要是为了客观说明事物的过程、特点等,不追求句子的形象性,因此少修饰更利于简洁明了地阐释事物;专业文献中最常运用的时态是一般现在时,因为专业文献中的一些原理和对事实的陈述是不受时间限制的,在任何时间都适用;此外,大量运用被动语态也是专业文献一个非常明显的特点,因为专业类文章主要阐述客观事物的状态与过程,被动语态能够更好地阐述客观过程。

从该同学的分析中可以看出,大学生专业文献阅读能力已有显著提升,总结问题条理清晰,能够表达出自己的观点。同时,大学生对专业文献的阅读方式有明显的大学英语教育的痕迹,重视时态和语态的分析,而对逻辑分析阐述不够,这也从一个侧面反映了当前大学英语教育的短板。

第四节 提高专业文献阅读能力的策略

专业英语文献使用的专业术语多、复合词多、缩略词多、用词明确专业、基本没有语意模糊和一词多义现象[50]。上章我们在分析的 70 篇文献中发现,专业词汇使用高达 28 720 次,其中使用词频最高的有 698 次,占总专业词汇的 2.4%。结合上文的分析,不难发现专业词汇过多是影响专业英语文献阅读的主要因素,此外,单词词性和句子结构的变化也给学生的理解增加了不少的困难。

一、存在的困难

1. 词汇量较大且专业词汇多

专业词汇的多次使用可以使专业文献的主题更加突出，使学习者更加明确主旨和研究方向，把握关键词，掌握文章的主要内容。在上一章，我们发现一篇文献的专业词汇使用最多的达到696次，而专业词汇多又是造成学生阅读困难的主要因素。很多同学都反馈专业英文文献中的词汇专业性太强，不容易阅读。学生在阅读时需要查阅大量生词的意思，浪费了很多时间，且这些词汇多来源于法语、拉丁语，词义精确、单词较长，也不易记忆。

2. 专业文献的专业性强

例如"These polymers are claimed to have potential in IOR Landoll, 1985"，在这句话中作者用了"be claimed to"这个短语，而不是直接说"have"。在专业文献中，作者一般使用should not, have, taken, more, than, almost, immediately, once一类词语，体现了专业论文的严谨性和说服性。这种用词习惯与学生多年学习和使用的语法习惯有较大的差别。

同时，专业文献针对某一具体学科方向进行撰写，即使知道了每个单词的意思，没有一定的专业知识做支撑，读者也很难理解文章的内容。这也是很多同学在阅读一些理科类专业文献时遇到的困难。

3. 篇幅长，长句多

在英语表达中，尤其是专业英文文献的写作中，长句表达较为常用。而在汉语表达中，多使用短句，关键词较少。对于大多数学生来说，英语长句的判断较为困难，逻辑结构掌握不清楚。

4. 派生词、缩略词多

相较于日常英语，专业英文文献中含有大量的缩略词和派生词，其中也不乏作者自创的缩略短语。缩略词、派生词的使用会导致学生在阅读过程中思维逻辑脱节，使得文章理解变得更加困难。

5. 语言理解难度的增加将会转移学生的阅读重点

除了以上由于专业英文文献词汇和句型结构带来的困难外，学生在阅读英文文献时可能会因为无法理解大量的专业词汇或者看不懂倒装句型而丧失信心。大多数中国学生在初次接触英文文献时会花大量的时间在翻译文献上，这严重地影响了学生的阅读速度和对文章的整体理解。

6. 容易使阅读者感到枯燥和疲倦

专业文献追求逻辑上的条理清楚、语言上的准确严密，以具体清晰地阐释某一事物为目的，因此学术性较强。加上有些专业文献较长，同学们易产生枯燥、疲倦的感觉，很难耐心地认真通读整篇文章。

二、基本策略

专业英文文献阅读能力是大学生必须具备的一种技能之一。阅读专业英语文献是学生了解专业前沿发展、提高自身学习能力和综合素质的必经之道。面对专业词汇多、缩略词多的英文文献，大学生可以通过以下方式提高自身的阅读效率。

第一，在平常学习过程中老师和学生自己都要加强对英语专业文献的阅读，锻炼对此类文章的理解能力，在阅读过程中掌握正确的阅读方法。

专业英文文献中存在大量的生词，记忆起来耗时耗力。我们在词频统计时也发现专业词汇会在文中反复出现，因此学生在阅读时针对自己所需多读某一方面的专业文献，积累此方面的专业词汇。通过阅读英文专业文献，同学们也会发现此类文章的特点，增强语感，减轻阅读阻力。有同学反馈专业文献中派生词占的比例较大。例如，表示行为性质等的后缀-tion（combustion，gasification），由前缀bio-构成的词，而这些词汇较功能词更容易记忆。同学们在阅读中逐渐积累的这些经验对提高阅读能力以及词汇的记忆能力有很大帮助。

此外，大学生在阅读英文文献的时候应当明白其主要目的是学习论文作者的研究方法、采集数据等，而不是对文章进行逐字逐句的翻译。因此在英文能力有限的情况下，学生应学会阅读题目和摘要，掌握文章研究内容、方法等主要内容，由此达到快速筛选文章、掌握文章主体的目的。学生务必掌握高频词汇的核心含义，由此扩展到其他词汇，以点带面，形成快速由词汇到文献的过渡。

第二，在需要大量阅读某方面的英文专业文献时，应提前了解学习一些专业性知识，在日常学习中总结高频词汇规律，为文章的阅读打下良好基础。

专业文献虽然专业词汇较多，且这些专业英文词汇脱离日常使用，造成了学生的阅读困难。但对于某个专业领域的英文文献来说，大多数专业词汇都是反复出现的，只要高频词汇和中心词汇被总结出来，该篇文献的阅读难度将会大大降低。因此学生只要在日常学习中形成搜集高频专业词汇的习惯，便可以大大减少每次查阅单词的时间，也有助于提升自己的专业能力。

第三，学习期刊发表文章的写作手法。

对于非母语者来说，纯英文的写作是一个非常大的挑战。学习阅读英文专业文献，不仅是为了学习国内外研究者的研究方法和经验，还是为了从中得到思考并开展自己的研究。练习英文专业论文的写作方式，不仅能够帮助我们提升自己的学习效率，也能够提升自己的专业写作水平。这是未来工作不可或缺的一项能力。

第五节 小结

大学作为向社会过渡的一个阶段。在这一阶段，学生更应学习一些切合实际应用方面的知识。随着国际社会更加开放，阅读外国文献、了解别国学术知识变得日益重要。因此，大学生更需要加强在英文专业文献方面的阅读能力。相对于其他体裁，专业文献更倾向于客观陈述事实、表述清晰、开门见山。因此阅读方面的困难主要是因为学生对内容相关的学科知识了解不到位。

通过对英语专业同学阅读专业文献状况的调查，我们从教育的视角分析了英语专业文献的特点，发现了同学们在阅读此类文章中遇到的困难。从本书的研究角度来看，专业英文文献的专业词语用词量、单词词性和句型结构的特点将会对学生的阅读造成比较明显的影响，因此学生应对专业英文文献有初步的了解，掌握其主要特点，在阅读时掌握正确的阅读方法，从而提高自己的学习效率。

此外，专业英文文献阅读的能力培养是一个长期的过程，而大学生的英文文献阅读能力和英文文献写作能力是两项重要的技能。希望当代大学生重视起英文专业文献的阅读，这不仅是提高自己的学习能力，也是当代青年与世界接轨的一种方式。

第七章　语料库基本工具介绍

第一节　WordSmith Tools 6.0 简介

一、关于 WordSmith

WordSmith Tools 是一个在 Windows 下运行的用来观测文字在文本中的表现的功能强大的综合软件包。它共包含 Concord（语境共现检索工具）、WordList（词频列表检索工具）、KeyWords（关键词检索工具）、Splitter（文本分割工具）、Text Converter（文本替换工具）、Viewer（文本浏览工具）等六个程序，其中前面三个程序是主要的文本检索工具，后面三个程序属于辅助性工具。

二、主要功能

主界面

WordSmith 打开后主界面如图 7-1 所示，上面用线圈出的部分是其主要的三个功能按键。三个按键下面的选项是一些关于软件的具体设置。

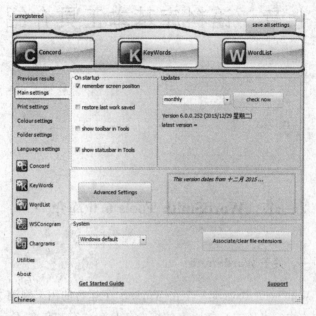

图 7-1 基本界面

1. Concord（语境共现检索工具）

这个功能主要是用来查询某个词出现的语境，具体操作如下：

（1）点击 Concord 按键，出现如图 7-2 所示的界面。

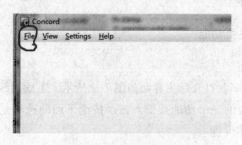

图 7-2 基本菜单功能

（2）然后点击 File，出现如图 7-3 所示的内容。里面有 New 和 Open 两个按钮，如果想打开上次保存的 Concord 文件就选择 Open，想新建一个文件则点击 New。

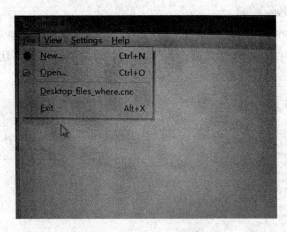

图 7-3　File 菜单功能

（3）点击 New 后，我们会看到一个如图 7-4 所示的界面。这里我们需要选择文件。

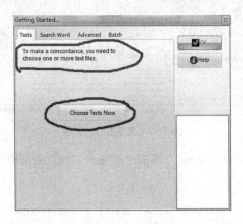

图 7-4　New 基本窗口展示

下面以新建好的两个 txt 文件做示范。两个文件的内容如下：

Where are you where yes

Where is he yes

（4）点击 Choose Texts Now，在图 7-5 中被圈出的地方选择浏览文件，并选择桌面，在出现的桌面文件中找到新建的 txt 文件。

图 7-5　先选择 txt 文件

（5）将这两个 txt 文件选中后拖到右侧，然后点击 OK，如图 7-6 所示。

图 7-6 导入文件

(6) 完成上述操作后出现如图 7-7 所示的操作界面。

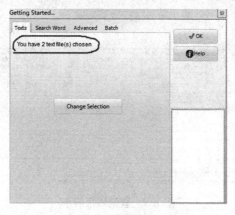

图 7-7 导入结果

然后进行下一步，选择要检索的词。在这我们检索"where"，在检索处输入。界面最下面的区域内列举了几个例子。然后点击右侧 OK 键。

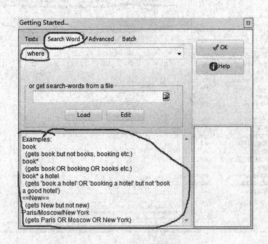

图 7-8　查询结果

（7）完成上述步骤后，我们可以看到 where 出现的语境，以及其他细节，如图 7-9 所示。

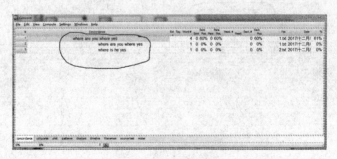

图 7-9　查询结果展示

双击某个语境，可以查看源文件，如图7-10所示。

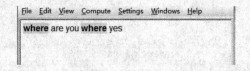

图 7-10　原文件关联

（8）最后点击 File 中的 save 保存结果。

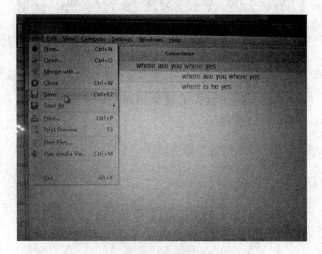

图 7-11　结果保存

2. Word List（词频列表检索工具）

这个功能用来查询文件中的每个单词出现的次数。

（1）点击 Word List 后选择 File 中的 New，如图 7-12 所示。

图 7-12 新建功能

（2）完成上述步骤，出现如图 7-13 所示的界面。点击 Choose Texts Now 按钮。

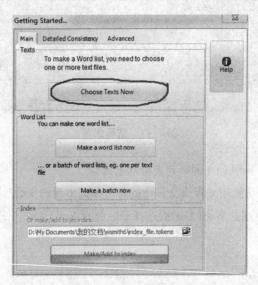

图 7-13 选择文件

同样地,选中两个 txt 文件并将其拖到右侧,然后点击右上角的 OK 按钮(见图 7-14)。

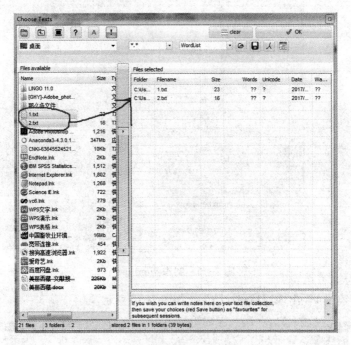

图 7-14 导入文件

(3)然后又返回上一个界面,如图 7-15 所示。如果要为所有文件建立同一个 word list,点击 Make a word list now 按钮;如果要为每个文件都分别建立一个 word list,点击 Make a batch now 按钮。

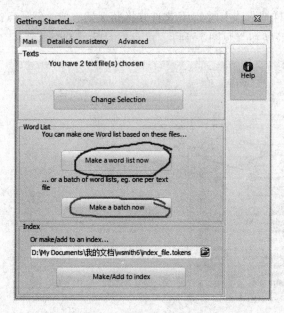

图 7-15 制作 Word list

(4) 出现词频统计结果，如图 7-16 所示。

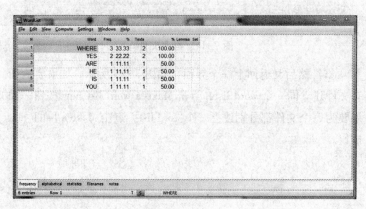

图 7-16 词频统计

（5）点击图 7-17 下方的 statistics 查看更具体的内容，具体结果如图 7-18 所示。

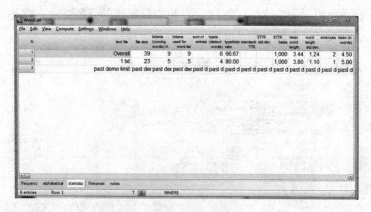

图 7-17 词频统计结果展示

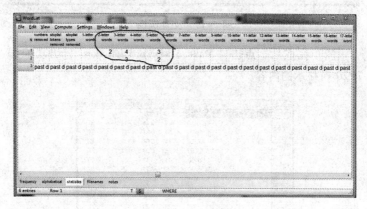

图 7-18 具体结果展示

（6）保存文件，点击 File 中的 Save。

3. Keywords（关键词检索工具）

关键词检索是与某个参考语料比较出现频率很高的词。

（1）点击 Keyword，出现如图 7-19 所示的界面。其中，第一处画线部分是让操作者选择单词列表文件。注意，这个单词列表文件必须是由 Wordsmith 工具制作并保存的单词列表，即我们在使用 wordlist 时保存的文件。第二处画线部分的要求是选择一个参考的语料文件（也得是 wordlist 文件）。

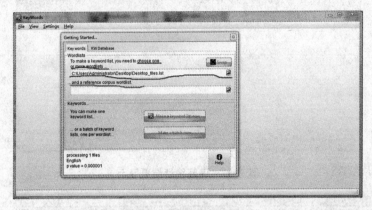

图 7-19　文件选择

（2）完成后，点击“Make a keyword list now”，出现如图 7-20 所显示的内容。

N	Key word	Freq.	%	. Freq.	RC. %	eyr
1	ROMEO	130	1.17	311		,83
2	BENVOLIO	49	0.44	4		86
3	THOU	74	0.67	753		84
4	JULIET	74	0.67	1,126		79
5	CAPULET	33	0.30	14		54
6	THEE	44	0.40	630		47
7	MERCUTIO	26	0.23	22		40
8	THY	37	0.33	632		38
9	MONTAGUE	28	0.25	134		36
10	LOVE	72	0.65	22,224	0.02	34
11	TIS	29	0.26	423		31
12	CAPULET'S	17	0.15	0		30
13	TYBALT	17	0.15	4		28
14	SAMSON	22	0.20	158		26
15	NURSE	36	0.33	3,175		26

图 7-20　关键词列表

第二节　PowerGREP 5 简介

一、软件简介

PowerGREP 5 是一个功能强大的正则表达式应用软件，该软件可以实现查找信息、更新或转换文件、提取信息和统计信息等丰富的功能操作。图 7-21 是 PowerGREP 5 的界面展示。

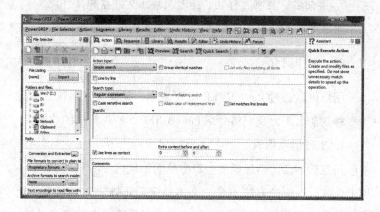

图 7-21　PowerGREP 5 界面展示

该软件主要功能如下：

1. 查找文件和信息

该功能可以快速搜索计算机或网络上的文件、文件夹和文档，或者查询单词、句子和二进制数据。

2. 编辑和替代文件

在该功能下，用户不用打开文件就可以实现搜索和简单替换文件，并且可以使用正则表达式进行文件的复杂替换。

3. 提取、搜集信息及统计数据

软件可以搜集统计数据，并且从文件中提取信息，通过一定的信息对文件进行匹配排序、分组技术等操作以产生信息统计。

4. 拆分、合并和重新排列日志和数据集

PowerGREP 5 可以实现大文件分割成小文件、小文件组合成大文件的操作，也可以重新排列日志和数据集使其易于使用。

5. 重命名、复制、移动、压缩及解压文件盒和文件夹

通过搜索和替换文件和文件夹名来实现以上操作。

二、操作简介

用户可以通过 PowerGREP 实现搜索、替换文件、统计信息等多种功能。下面我们将介绍 PowerGREP 5 的最常用的功能。

1. 文件信息检索

信息检索是语料库研究中最常见的手段之一。利用 PowerGREP 5 进行检索的方法主要为文本检索和正则表达式检索，前者比较直观、易学，但功能比较单一，可用于一些简单的检索；而后者的掌握需要一定时间的学习，但功能强大，可用于大型的检索。本书只介绍基本的文件检索，读者若有兴趣可自行学习正则表达式检索。

（1）在进行文件检索之前，用户首先需要在文件与文件夹栏中选定检索内容所在的文件（如图 7-22 所示）。

图 7-22 选择文件

(2) 在转换和提取栏 (conversion and extraction) 中 (如图 7-23 所示), 可以自行定义被检索文件中的具体内容。文件内检索 (archive formats to search inside) 栏中选择文件内需要检索的文档类型, 可以只检索 ZPI 文件 (ZPI archives only), 也可选择所有文件类型 (All archives), 即检索该文件夹中所包含的所有文件类型。

(3) 选择主界面 (图 7-24) 中的动作标签 (Action), 在定义操作类型 (Action type) 栏的下拉菜单中选择显示搜索匹配 (Display search matches), 并在定义搜索类型 (Search type) 栏的下拉菜单中选择普通文本 (Literal text) 或正则表达式 (Regular expression)。

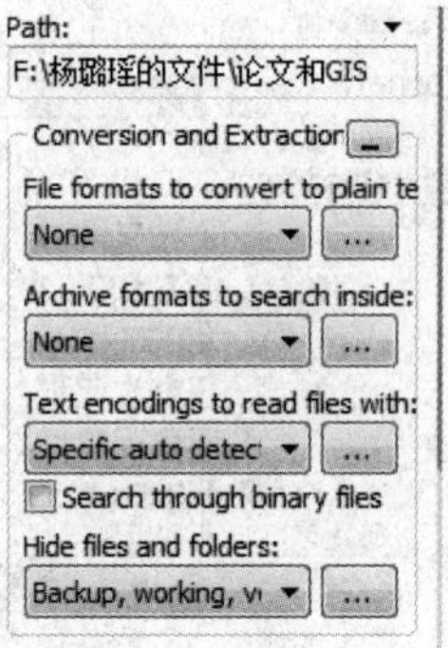

图 7-23　检索类型选择

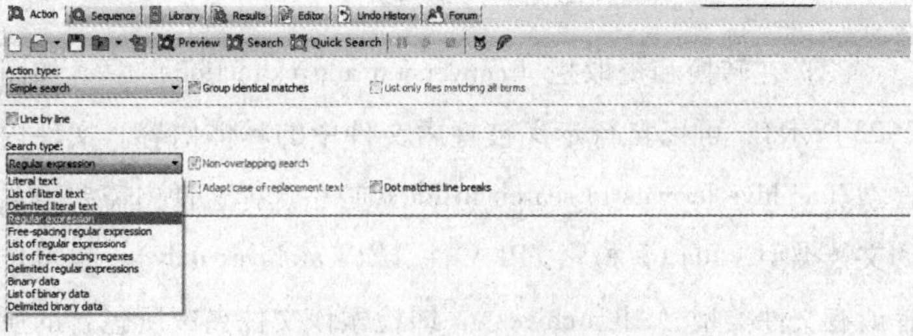

图 7-24　确定搜索类型

PowerGREP 5 搜索类型默认为正则表达式，如果搜索词为普通检索词，软件会自动识别，不影响搜索结果。不同的操作类型和文本类型会显示不同的选项供人们选择，如区别大小写（Case sensitivity search）、大小写自适应（Adapt case of replacement text）等。

（4）在搜索框中输入检索词或正则表达式，点击搜索（Search）即可完成检索，或者点击预览（Preview）查看检索结果（如图 7-25、图 7-26 所示）。

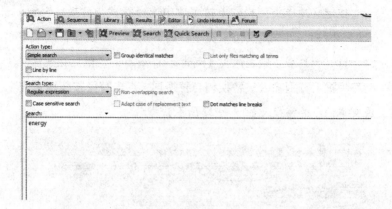

图 7-25 点击搜索

图 7-26 结果展示

2. 编辑与替换

在进行语料分析时,研究者们有时需要对语料库中的语料重新进行加工,如删除、替换或添加标注等。使用 PowerGREP 5 的编辑与替换功能可以批量完成这些任务。

在定义操作类型栏的下拉菜单中选择搜索与替换（Search and replace），并在定义搜索类型栏的下拉菜单中选择普通文本（literate text）或正则表达式（regular expression），然后在搜索框与替换框上分别输入被替换词与替换词，点击替换按钮即可完成文本信息的替换（如图 7-27 所示）。

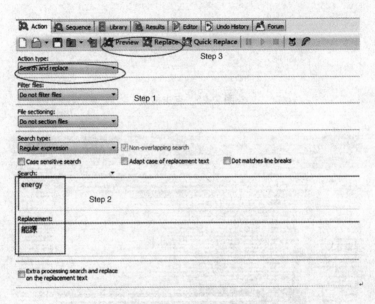

图 7-27　替换展示

3. 数据采集

采集功能是 PowerGREP 5 的特色功能之一，它的用途是将所有匹配检索词所在的句子保存为一个或多个文件，方便研究者根据自己的研究目的或需求对语料进行重新赋码。

在定义操作类型栏的下拉菜单中选择采集数据（Collect data），并在定义搜索类型栏的下拉菜单中选择普通文本或正则表达式。然后，在文件区域（File sectioning）的下拉菜单中选择逐行（Line by line），并勾选采集或替换所有匹配区域（Collect/Replace whole sections），这么做的目的是保证采集结束后所有的匹配结果将以逐行的形式提取并保存为一个文件（如图7-28所示）。最后在检索框输入检索词并点击采集（Collect），完成数据的采集工作（如图7-29所示）。

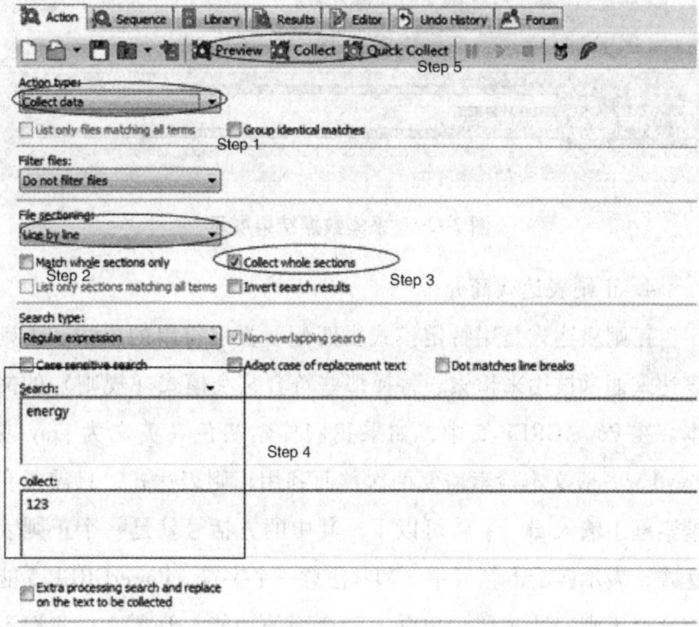

图 7-28　采集数据

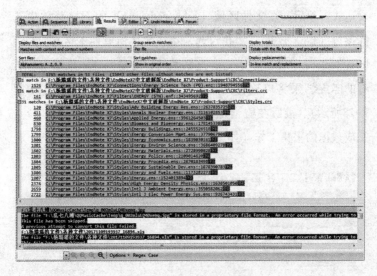

图7-29 采集数据结果展示

4. 正则表达式简介

正则表达式是用特定模式去匹配一类字符串的公式。正则表达式通常被用来检索、替换那些符合某个模式（规则）的文本。在 PowerGREP 5 中，如果我们检索灰色（英文为 gray 或 grey），一般文本检索需要两次。而利用正则表达式，只需要在搜索框中输入 gr[ae]y 就可以了。其中的方括号就是一个正则表达式，表示匹配方括号中 a 和 e 任意一个字符。PowerGREP 5 能够通过正则表达式展示出强大而全面的功能，但在这里我们不作过多赘述。

读者可以登录 http://www.powergrep.com/ 查看更为详细的 PowerGREP 5 功能介绍。

第三节 PatCount 1.0 简介

一、PatCount 1.0 版本的简介[57]

如图 7-30 所示，PatCount 1.0 的主界面分为上窗口和下窗口。上窗口用于编辑或读入各种由用户自定义的词汇、短语或正则表达式文件（该软件的基本模式文件是 Pat.file）；下窗口是数据呈现窗口，数据分析的结果一般是以矩阵的形式呈现。PatCount 1.0 软件的核心程序是由 perl 语言汇编而成的，全面支持正则表达式。

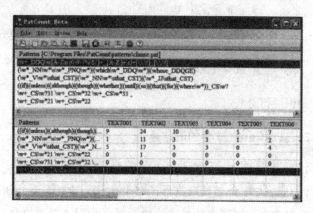

图 7-30　主界面

二、PatCount 1.0 版本的基本使用步骤

（1）打开 PatCount 1.0 版本的界面，如图 7-31 所示。

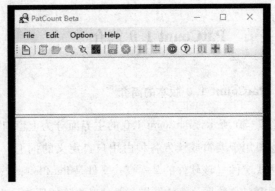

图 7-31 基本菜单

(2) 打开模板为 pat.file 的文件（如果没有 pat 文件，需要用 PhotoShop 软件或者 CAD 软件把 word 或者 excel 转化为 pat 文件），输入所求序列的正则表达式，保存为模式文件后再运行 PatCount 1.0。

(3) 把所求的结果导入 SPSS 软件或者 Excel 软件中，运用统计知识进行分析。

三、PatCount 软件的设定

1. 本义字符串和正则表达式

PatCount 1.0 的默认形式是正则表达式，如果需要 PatCount 读入只包含本义字符串的模式文件，那么在引入模式文件后需要点击"option"菜单，选择"literal"或者点击"L"图标即可。

2. 统计型符数和类型符数

只需要点击"edit"中的"transformation"就可以把输入的词汇、短语等转化为 0 或 1 进行次数的统计了。

3. 矩阵的转置功能

用户在完成分析后，只需要点击"transpose"按钮，分析结果就会被转置存入剪贴板，打开 SPSS 软件或者 Excel 软件后，将剪切内容粘贴到相应的软件上即可。

第四节　TreeTagger 简介

一、TreeTagger 操作简介

TreeTagger 是一个文本注释工具，用于注释文本的部分语音和引理信息，同时能够自动断句、进行词性标注和词形还原。例如，自动断句能够把每个句子单独列成一行，这样有利于以句子为单位进行搜索与统计；把句子中的词汇按名词、形容词进行标注；词形还原则是分析出文本中单词的词性和词语原型（时态变换、单复数变换）。在信息检索和文本挖掘中，需要对一个词的不同形态进行归并，即词形规范化，从而提高文本处理的效率。例如，词根 run 有不同的形式 running、ran，还有名词 runner。这里涉及两个概念：①词形变化，把一个任何形式的语言词汇还原为一般形式，比如 cats→cat，did→do；②词干提取，去除词缀得到词根的过程，比如 fisher→fish，effective→effect。

该软件是为了给程序员进一步编程提供方便，并非让不会编程的人直接使用，可将其视为 middleware（中间件）。因此需要在 TreeTagger 规范化过程中设置基本参数，构建基本脚本。脚本能够解析输入文本，并将其格式化为可由 TreeTagger 使用的格式。所有新格式化的文件将被放置在新创建的目录中。脚本将

继续生成一个词典，训练标记器，并生成一个参数文件。由此重新训练和标记非标准语料库。

这种规范化的示例如图7-32所示。

=======================================
List/VB
[the/DT flights/NNS] from/IN
. /.
=======================================

图7-32 规范化示例

句子由等号字符串分隔，令牌用正斜杠标记，每行可以有多个令牌。括号被删除等一系列转变，形成TreeTagger认可的格式。如果想调整处理其他格式，则需要重新编辑格式功能，比如手动调整一些元素，定义一个可用于未知令牌的标签列表等。如果在训练数据中不存在已定义好的标记，TreeTagger将会中断。导致中断的原因还可能是由于某个词汇没有被完全解析，不能建立词典。

由于TreeTagger的核心是采用二元决策树估计转移概率的思路。构建决策树的初始阶段是在训练阶段进行的。因此，训练标记器非常重要。同时，由于TreeTagger的准确性取决于输入和训练的数据及不同语料库的相关训练结果，因此，如果有人要最大限度地提高准确性，输入重新格式化功能的其他细节是非常必要的。

下面以一个简单的例子介绍该软件的基本功能，以"Tom has left Beijing for about 100 days"为例（见图7-33）。

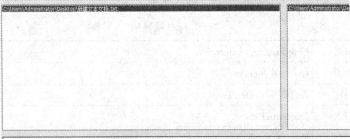

Tom_NP has_VHZ left_VVN Beijing_NP for_IN about_RB 100_CD days._NN

图 7-33　规范化示例

解析结果如表 7-1 所示。

表 7-1　　　　　解析结果

单词	附码值(词性)	全称	解释
TOM	NP	Proper noun	专有名词
has	VHZ	Present tense (3rd person singular) of HAVE verb (has)	有动词(有)的现在时(第三人称单数)
left	VVN	Past participle of lexical verb (lived, shown)	词法动词的过去分词(生活,显示)
Beijing	NP	Proper noun, singular	专有名词,单数
for	IN	Preposition or subordinating conjunction	介词或从属连词
about	RB	Adverb	副词
100	CD	Cardinal number	基数
days	NN	Common noun, singular or mass	普通名词,单数或质量

后面两列查赋码集表可得（见表7-2）。

表7-2　　　　　　　TreeTagger 赋码集

CC	Coordinating conjunction
CD	Cardinal number
DT	Article and eterminer
EX	Existential there
FW	Foreign word
IN	Preposition or subordinating conjunction
JJ	Adjective
JJR	Comparative adjective
JJS	Superlative adjective
LS	List item marker
MD	Modal verb
NN	Common noun, singular or mass
NNS	Common noun, plural
NP	Proper noun, singular
NPS	Proper noun, plural
PDT	Predeterminer
POS	Possessive ending
PP	Personal pronoun
PP$	Possessive pronoun
RB	Adverb
RBR	Comparative adverb
RBS	Sup erlative adverb
RP	Particle
SYM	Symbol
TO	to

表7-2(续)

UH	Exclamation or interjection
VB	BE verb, base form (be)
VBD	Past tense verb of BE (was, were)
VBG	Gerund or present participle of BE verb (being)
VBN	Past participle of BE verb (been)
VBP	Present tense (other than 3rd person singular) of BE verb (am, are)
VBZ	Present tense (3rd person singular) of BE verb (is)
VD	DO verb, base form (do)
VDD	Past tense verb of DO (did)
VDG	Gerund or present participle of DO verb (doing)
VDN	Past participle of DO verb (done)
VDP	Present tense (other than 3rd person singular) of DO verb (do)
VDZ	Present tense (3rd person singular) of DO verb (does)
VH	HAVE verb, base form (have)
VHD	Past tense verb of HAVE (had)
VHG	Gerund or present participle of HAVE verb (having)
VHN	Past participle of HAVE verb (had)
VHP	Present tense (other than 3rd person singular) of HAVE verb (have)
VHZ	Present tense (3rd person singular) of HAVE verb (has)
VV	Lexical verb, base form (e.g. live)
VVD	Past tense verb of lexical verb (e.g. lived)
VVG	Gerund or present participle of lexical verb (living)
VVN	Past participle of lexical verb (lived, shown)
VVP	Present tense (other than 3rd person singular) of lexical verb (live)

表7-2(续)

VVZ	Present tense (3rd person singular) of lexical verb (lives)
WDT	Wh-determiner
WP	Wh-pronoun
WP$	Possessive wh-pronoun
WRB	Wh-adverb

二、样例操作步骤

(1) 文本转化为记事本的格式，如图7-34所示。

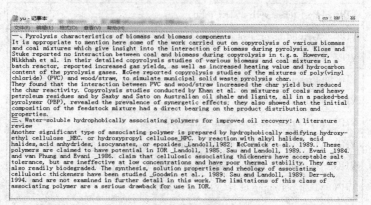

图7-34　格式转换

(2) 打开软件，选择语言，如图7-35所示。

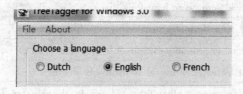

图7-35　选择语言

(3) 点击"File",选择"Open files",选择需要打开的文档,如图 7-36 所示。图 7-37 是打开文档后的展示图。

图 7-36 选择文档

图 7-37 文档展示

(4) 选择文档后,点击"Run tagger"。规范化结果如图 7-38 所示。

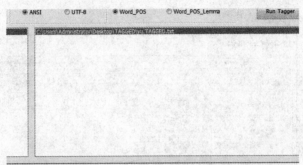

图 7-38 规范化结果

第八章 文献段落示例

例 8-1

Petroleum released into the environment is subject to a range of chemical, physical, and biological processes, together known as weathering, that change its composition. Light molecules evaporate, and some molecules are washed out by dissolution. Photochemistry can also alter the composition of aspilled oil, but biodegradation is the major pathway of degradation. These changes make the unambiguous identification of the source of an oil something of a challenge[45].

例 8-2

In view of the above findings, it may be worthwhile to examine whether or not free magnetic energy in an active sunspot region is readily available and used for solar flares. In one case at least, Tanaka (1980) showed that the magnetic energy in an active region continued to increase during the period in which a series of solar flares occurred. In a simple unloading case, one would expect that the free magnetic energy decreases progressively as a series of solar flares occurs or that it increases prior to each flare on set and is consumed during each flare. A simple system which manifests itself in a way similar to Tanaka's example is a circuit which consists of a dynamo, a coil and a lamp; when the dynamo power is increased, the light output and the magnetic energy in the coil increase together. In the magnetosphere, the magnetic energy in the magnetotail often increases significantly during an early epoch of substorms. A solar flare may be more appropriately represented by replacing the lamp with a discharge tube which undergoes intermittent current interruption as the dynamo power increases[46].

例 8-3

One can not say categorically that a catastrophic failure of a large PWR or a BWR and its containment is impossible. The most elaborate measures are taken to make the probability of such occurrence extremely small. One of the prime jobs of the nuclear community is to consider all events that could lead to accident, and by proper design to keep reducing their probability however small it may be. On the other hand, there is some danger that in mentioning the matter one's remarks may be misinterpreted as implying that the event is likely to occur[47].

例 8-4

In order to start up remediation/mitigation operations, information on the structure of the compounds responsible for the deposition became important. Statoil and ConocoPhillips were in lead of the analytical work resulting in an almost complete clarification of the molecular structure of the C80 molecule. The analytical work comprisedcollection of deposits, processing of the deposits and finally isolation using the Acid-IER (Ion Exchange Resin) method. Structural elements were determined by means of 13C NMR, Liquid Chromatography-Mass Spectrometry (LC-MS). Also VPO (Vapor Phase Osmometry) and Gas Chromatography were used in the characterization work. The final molecular weight was determined by a home built 9.4 T FT-ICR Mass Spectrometer at National High Magnetic Field Laboratory of Florida State University (USA).

The extensive work by Statoil and ConocoPhillips was almost complete with regard to molecular structure. Utilizing updated and more modern NMR technology 1D and 2D (COSY, ROESY⋯) and 3D HSQCTOCSY it was possible to resolve a final structure for the ARN family. Fig. 3 presents the structure of the most abundant member of the ARN family. This molecule $C_{80}H_{142}O_8$ has 80 carbon atoms, 4 carboxylic acid functions and 6 cyclopentyl rings. The other isomers of the ARN family differ by the number of cyclopentyl rings: 4 ($C_{80}H_{146}O_8$), 5 ($C_{80}H_{144}O_8$), 7 ($C_{80}H_{140}O_8$) and 8 ($C_{80}H_{138}O_8$). Derivatives containing 81 and 82 carbon atoms were also detected. The relative abundance of the isomers depends on the origin of the oil in which ARN samples were extracted. More anecdotic, an ester of C80-TA was recently detected in one North Sea oil field pipeline, but it could be the result of esterification of C80-TA with production chemicals.

The structure presented in Fig. 3 has led Lutnaes et al. to suggest that ARN was synthesized by Archaea micro-organisms. The difference of relative abundance of the isomers with the origin of the oil could therefore be related to growth of the Archaea from which the acids are thought to originate at different average temperature.[48]

例 8-5

The efficiency of solar power technologies has increased greatly in recent years and has been accompanied by a progressively steady decline in costs, which are projected to drop even further. For instance, the total cost of a PV module has been reduced from USD 1.30 per watt (in 2011) to USD 0.50 per watt (in 2014) (ca. 60% cost reduction). As the solar markets mature and more companies take advantage of the solar economy, the availability and afford ability of solar power will grow at an impressive pace. Although solar power systems require an upfront investment for their installation, they otherwise operate at very low costs. Unlike the price of fossil fuels, which are prone to substantial price swings, the financial demand for solar power is relatively stable over long periods. Moreover, there are no (mechanically) moving parts in solar panels, making them free of noise pollution and durable (no wear and tear), with very little in the way of required maintenance. Moreover, solar panels can be easily installed on roof tops and mounted onto building walls, meriting their installation flexibility. Furthermore, solar power systems are less prone to large-scale failure because they are distributed and composed of numerous individual solar arrays. Therefore, if any section of arrays were found to be faulty, the rest could continue to operate. However, additional solar modules could also be added over time to improve the energy generation capacity. These notions reveal huge advantages in the ruggedness and flexibility of solar power systems over all other energy sources that have already been established[49].

例 8-6

Bio-energy through pyrolysis in combination with biochar sequestration holds promise for obtaining energy and improving the environment in multiple ways. The technology has the potential to be carbon negative, which means that, for every unit of energy produced or possibly even consumed, greenhouse gases would be removed from the atmosphere. This could be the beginning of a biochar revolution that is not only restricted to a bio-energy combination, but applicable to a range of different land-use systems (Lehmann et al., 2006). Compared to the limited amount of CO_2 that can be removed from the atmosphere by other land-based sequestration strategies, such as notillage or afforestation (Jackson and Schlesinger, 2004), a biochar sink has the advantage of easy accountability and multiple other environmental benefits. There are, however, possible pitfalls as well as gaps in our understanding of the science of biochar behavior in soil and how different pyrolysis conditions affect biochar ecology in the environment. Pyrolysis is currently being developed with the primary goal of maximizing the quantity and quality of the energy carrier, such as bio-oil or electricity[50].

例 8-7

This section summarizes the information given on primary production of energy cropsin all EU countries. Many crops have been investigated and within each crop, the information has been obtained under a wide range of pedoclimatic conditions. Therefore, overall conclusions on yield level cannot be given and the specific information from each country is presented individually. Often, the information originates from research plots from which detailed information is available. However, the same results will usually not be obtained inpractical farming as the level of crop care is different. Whenever possible, we have described the level at which the information was obtained (e.g., research plots/commercial conditions/irrigated/rain fed). Figure 1 shows an example of how yield level can differ between different framework conditions within the same crop. A wide range of energy crops has been tested in Europe (Table 1). Only the crops that have been tested more intensively are described in this synthesis report. In some cases, traditional agricultural crops have been a dapted for energy use. This is the case for oil seed crops such as rape, sunflower and forgrain crops like Triticale and wheat which can be cornbusted. Mostly, the production of these crops for energy does not differ much from the production for food or fodder. Therefore, this section describes in more detail the state of the art of new crops for energy rather than of traditional agricultural crops, the production of which is quite well known. Whenever specific information on effects from production inputs on fuel quality of traditional agricultural crops has been given, this knowledge is, of course, presented[51].

例 8-8

Zinc/Chlorine Battery

The Zn/Cl_2 battery requires an electrically driven re-circulating pump to transport chlorine between the battery proper and the chlorine hydrate storage area. A problem was encountered in designing a leak-proof shaft seal that would allow the motor to be mounted outside and the pump inside the battery shell, and that could withst and the corrosive effects of chlorine-saturated

Zinc chloride. The solution involved the development of a magnetic coupling that transports torques as high as 60 in. lbs at 2 400 rpm through a low magnetic loss static seal. The viscous drag is kept low by minimizing the surface area of the rotating magnets. The coupling is shown in Fig. 16. The static seal (A), fabricated from

KYNAR, serves as a leak proof separator between the electric drive motor and the magnetically driven pump. The high magnetic intensity required to maximize efficiency is provided by encapsulating permanent magnets of samarium cobalt (B and C) in the rotating iron core assemblies. The driven magnet (C) is protected from the corrosive environment with KYNAR. Teflon O-ring seals (D) are utilized at the static interfacing joints between the drive motor and pump; and special gaskets (E), fabricated out of a fluorocarbon plasticmaterial, seal the motor mount to the battery casing[52].

例 8-9

This article is concerned with processes for the conversion of methane to carbon monoxide and hydrogen. The three reactions that attract industrial interest are: the methane steam reforming reaction, methane partial oxidation with oxygen or airand methane dry reforming with carbon dioxide. The first detailed study of the catalytic reaction between steam and methane was published in 1924. It was subsequently found that many metals including nickel, cobalt, iron and the platinum group metals could catalyse reaction to the rmodynamic equilibrium. Nickel catalysts emerged as the most practical because of their fast turnover rates, long-term stability and cost. The major technical problem for the nickel catalysts is whisker carbon deposition on the catalysts, which can lead to the plugging of the reformer tubes. It was found that carbon deposition could be substantially reduced by the use of an excess of water and a temperature of about 1 073 K. Under these conditions carbon formation is the rmodynamically unfavourable. The unreacted water is separated from the product synthesis gas and recycled. In the 1930's this combination of high equilibrium synthesis gas yield and the ready availability of natural gas resulted in the rapid development of this technology for the industrial conversion of natural gas into synthesis gas. Indeed, the first steam reforming plant was commissioned in the early 30's and many industrial steam reforming plants were subsequently built throughout the world. It is still the most important industrial process for the production of carbon monoxide and hydrogen. However, there are drawbacks to this process. Firstly, superheated steam (in excess) at high temperature, is expensive, secondly the water-gas shift reaction produces significant concentrations of carbon dioxidein the product gas. Thirdly, the Hz-to-CO ratio is higher than the optimum required for the downstream synthesis gas conversion to methanol, acetic acid or hydrocarbons. In the case of Fischer-Tropsch synthesis, high Hz/CO ratios limit the carbon chain growth[53].

例 8-10

Positive or negative energy release rate?

For a crack perpendicular to the poling axis, the apparent energy release rate under small scale yielding in the absence of mechanical stress is

$$J_a = -\frac{\pi a}{2}\left(\varepsilon + \frac{e^2}{M}\right) E_\infty^2$$

and the corresponding local energy release rate is

$$J_c = \frac{\pi e^2 a}{2M}\left(1 + \frac{e^2}{M\varepsilon}\right) E_\infty^2$$

The apparent energy release rate is negative definite and the local energy release rate is positive definite. Both energy release rates vanish for cracks parallel to the poling axis. Cao and Evans (1994) and

Lynch et al. (1995) have demonstrated experimentallythat cracks perpendicular to the poling axis can grow stably under a cyclic electricfield applied in the poling direction; under the same conditions cracks parallel to the poling direction show no significant growth. Although different mechanisms have been proposed (Lynch et al., 1995) to explain such crack growth, it is interesting that a simple fatigue fracture criterion based on the local energy release rate in (61) provides a possible explanation of these experimental observations.

参考文献

[1] HALLIDAY M A K, et al. The Linguistic sciences and language teaching [J]. Modern Language Review, 1964, 62 (1): 106.

[2] 王蓓蕾. 同济大学 ESP 教学情况调查 [J]. 外语界, 2004 (1): 35-42.

[3] 秦秀白. ESP 的性质、范畴和教学原则——兼谈在我国高校开展多种类型英语教学的可行性 [J]. 华南理工大学学报 (社会科学版), 2003 (5): 79-83.

[4] 郝可欣. ESP 教学模式在大学英语教学中的应用 [J]. 佳木斯职业学院学报, 2014 (2): 359-360.

[5] 吴婷, 张瑜. ESP 课程设计模式分析及其对国内高校 ESP 课程设置的启示 [J]. 科教导刊, 2014 (1): 131-132.

[6] 钱敏娟. 慕课课程模式下 ESP 发展新机遇 [J]. 海外英语, 2014 (7): 19-21.

[7] 郭锦辉. 如何用语料库语言学辅助 ESP 英语教学 [J]. 现代教育管理, 2008: 120-120.

[8] 张敏. ESP 视角下学术词汇与专业词汇的边界：一项基

于学科语料库的实证研究［J］. 中国 ESP 研究, 2016 (2).

［9］师莹. 大学英语教师向 ESP 转型的语料库途径探析［J］. 教书育人（高教论坛）, 2017 (12).

［10］汪灿灿. 语料库——ESP 教学的新思路［J］. 海外英语, 2017 (2): 205-206.

［11］甄凤超, 王华. 学习者语料库数据在外语教学中的应用: 思想与方法［J］. 外语界, 2010 (6): 72-77.

［12］李华. 语料库数据驱动技术下的 ESP 教学模式构筑［J］. 宁波教育学院学报, 2015, 17 (4): 145-149.

［13］单宇, 张振华. 基于语料库"数据驱动"的非英语专业 ESP 教学模式［J］. 新疆大学学报（哲学·人文社会科学汉文版）, 2011, 39 (2): 149-152.

［14］林巧文, 黄倩儿. 语料库"数据驱动"辅助 ESP 词汇教学模式的研究［J］. 福建师大福清分校学报, 2014 (4): 64-70.

［15］赵晴. 专门用途语料库在 ESP 教学中的应用［J］. 重庆科技学院学报（社会科学版）, 2010 (19): 182-184.

［16］张济华, 王蓓蕾, 高钦. 基于语料库的大学基础阶段 ESP 教学探讨［J］. 外语电化教学, 2009 (4): 38-42.

［17］秦建华. 基于专门用途英语（ESP）语料库的词汇研究——探索大学英语教师向 ESP 教师转型的途径［J］. 内蒙古民族大学学报（社会科学版）, 2013, 39 (2): 89-93.

［18］姚剑鹏. 语料库研究与语言教学［J］. 全球教育展望, 2005, 34 (12): 51-53.

［19］李广伟, 戈玲玲, 蒋柿红. 高等教育国际化背景下的

ESP 语料库研制及应用研究 [J]. 西安外国语大学学报, 2015, 23 (2): 74-77.

[20] 施称, 章国英. 医学英语语料库在 ESP 课程改革中的应用 [J]. 西北医学教育, 2015, 23 (1): 129-132.

[21] 周会碧. 基于语料库的 ESP 教学改革探究 [J]. 英语广场 (学术研究), 2014 (7): 102-103.

[22] 何中清, 彭宣维. 英语语料库研究综述: 回顾、现状与展望 [J]. 外语教学, 2011, 32 (1): 6-10.

[23] 甄凤超. 语料库数据驱动的外语学习: 思想、方法和技术 [J]. 外语界, 2005 (4): 21-29.

[24] 苏金智, 肖航. 语料库与社会语言学研究方法 [J]. 浙江大学学报 (人文社会科学版), 2012, 42: 87-95.

[25] 孙翠兰. 基于语料库的汉英中动结构对比研究 [J]. 山东大学, 2014.

[26] 高超. 基于语料库的中国新闻英语主题词研究 [J]. 北京第二外国语学院学报, 2006 (6): 36-43.

[27] 李晋, 郎建国. 语料库语言学视野中的外国文学研究 [J]. 外国语 (上海外国语大学学报), 2010 (2): 82-89.

[28] 王斌华, 叶亮. 面向教学的口译语料库建设: 理论与实践 [J]. 外语界, 2009 (2): 23-32.

[29] 张威. 近十年来口译语料库研究现状及发展趋势 [J]. 浙江大学学报 (人文社会科学版), 2012 (42): 193-205.

[30] 朱晓敏. 基于 COCA 语料库和 CCL 语料库的翻译教学探索 [J]. 外语教学理论与实践, 2011 (6): 32-37.

[31] 宋红波, 王雪利. 近十年国内语料库语言学研究综述

[J]. 山东外语教学, 2013: 41-47.

[32] 吴文岫. 短文本分类语料库的构建及分类方法的研究[J]. 安徽大学, 2015.

[33] 姚爽, 冯春园. 高校英文网站专用英语语料库构建方案[J]. 现代交际, 2017: 25-26.

[34] 刘华. 超大规模分类语料库构建[J]. 现代图书情报技术, 2006 (22): 71-73.

[35] 李文中. 语料库标记与标注: 以中国英语语料库为例, 外语教学与研究, 2012: 336-345.

[36] 王克非. 中国英汉平行语料库的设计与研制[J]. 中国外语, 2012 (9): 23-27.

[37] RILEY W J, FISK W J, GADGIL A J. Regional and national estimates of the potential energy use, energy cost and CO_2 emissions associated with radon mitigation by sub-slab depressurization [J]. Energy and Buildings, 2008 (24): 203-212.

[38] LEDERHOS J P, LONG J P, SUM A, et al. Effective kinetic inhibitors for natural gas hydrates [J]. Chemical Engineering Science, 1996 (51): 1221-1229.

[39] DICKS A L. Hydrogen generation from natural gas for the fuel cell systems of tomorrow [J]. Journal of Power Sources, 1996 (61): 113-124.

[40] NIKOLSKY G M. The energy distribution in the solar EUV spectrum and abundance of elements in the solar atmosphere [J]. Solar Physics, 1969 (6): 399-409.

[41] WEBB D J. Tides and tidal energy [J]. Contemporary

Physics, 1982 (23): 419-442.

[42] VARJANI S J. Microbial degradation of petroleum hydrocarbons [J]. Bioresource Technology, 2016 (223): 277-286.

[43] RAVEENDRAN K, GANESH A, KHILAR K C. Pyrolysis characteristics of biomass and biomass components [J]. Fuel, 1996 (75): 987-998.

[44] LANDBERG L. Short-term prediction of the power production from wind farms [J]. Journal of Wind Engineering & Industrial Aerodynamics, 1999 (80): 207-220.

[45] TAYLOR K C, NASR-EL-DIN H A. Water-soluble hydrophobically associating polymers for improved oil recovery: A literature review [J]. Journal of Petroleum Science & Engineering, 1998 (19): 265-280.

[46] ROISENBERG M, SCHOENINGER C, SILVA R R D. A hybrid fuzzy-probabilistic system for risk analysis in petroleum exploration prospects [J]. Expert Systems with Applications, 2009 (36): 6282-6294.

[47] TAYLOR T B. Storage of solar energy [J]. Proceedings of the Indian Academy of Sciences, 2 (1979) 319-330.

[48] GUSTAVSSON L, BöRJESSON P, JOHANSSON B, et al. Reducing CO_2 emissions by substituting biomass for fossil fuels [J]. Energy, 1995 (20): 1097-1113.

[49] KOK B, BENLI H. Energy diversity and nuclear energy for sustainable development in Turkey [J]. Renewable Energy, 2017 (111): 870-877.

[50] 戴艳阳. 浅议专业英文文献阅读能力的培养 [J]. 中国电力教育, 2010 (28): 212-213.

[51] TAKTAK F, KHARBACHI S, BOUAZIZ S, et al. Basin dynamics and petroleum potential of the Eocene series in the gulf of Gabes, Tunisia [J]. Journal of Petroleum Science & Engineering, 2010 (75): 114-128.

[52] 马万超. 科技英语词汇的特点及其翻译 [J]. 盐城师范学院学报（人文社会科学版）, 2006 (26): 73-75.

[53] 张芳芳, 赵美云. 试论科技英语（EST）词汇的特点与汉译 [J]. 湖南工业职业技术学院学报, 2007 (7): 153-155.

[54] 韩琴. 科技英语特点及其翻译 [J]. 中国科技翻译, 2007 (20): 5-9.

[55] 张国扬, 程世禄. 科技英语文献的词汇特点 [J]. 广州师院学报（社会科学版）, 1996: 72-75.

[56] 李丙午, 燕静敏. 科技英语的名词化结构及其翻译 [J]. 中国科技翻译, 2002 (15): 5-7.

[57] 梁茂成, 熊文新. 文本分析工具PatCount在外语教学与研究中的应用 [J]. 外语电化教学, 2008: 71-76.